种子生产与管理

张荣萍　陶诗顺　著

延边大学出版社

图书在版编目(CIP)数据

种子生产与管理 / 张荣萍,陶诗顺著. — 延吉：
延边大学出版社,2018.7
ISBN 978-7-5688-5156-5

Ⅰ. ①种… Ⅱ. ①张… ②陶… Ⅲ. ①作物育种
Ⅳ. ①S33

中国版本图书馆 CIP 数据核字(2018)第 161114 号

种子生产与管理

著　　者	张荣萍　陶诗顺　著	
责任编辑	吴松权	
装帧设计	中图时代	
出版发行	延边大学出版社	
地　　址	吉林省延吉市公园路 977 号,133002	
网　　址	http://www.ydcbs.com	
电子邮箱	ydcbs@ydcbs.com	
电　　话	0433-2732435　0433-2732434(传真)	
印　　刷	廊坊市海涛印刷有限公司	
开　　本	710 mm×1000 mm　1/16	
印　　张	9.75	
字　　数	180 千字	
版　　次	2018 年 7 月第 1 版	
印　　次	2018 年 11 月第 1 次	
书　　号	ISBN 978-7-5688-5156-5	

定　　价　40.00 元

目　录

第一章　种子生产与管理基础

第一节　种子生产基本理论

种子是农业生产最基本的生产资料,也是农业再生产的基本保证和农业生产发展的重要条件。

一、作物繁殖方式与种子类别

(一)有性繁殖与种子生产

1. 自花授粉作物

在生产上,这类作物通常是由遗传基础相同的雌雄配子相结合所产生的同质结合体。由于自花授粉作物异交率很低,高度的天然自交使群体内部的遗传基础比较简单,基本上是同质结合的个体。同质结合的个体经过不断的自交繁殖,便可形成一个遗传性相对稳定的纯合品系,而且长期的自交和自然选择,逐渐淘汰了自交有害的基因型,形成自交后代生长正常、不退化或耐退化的有利特性。

自花授粉作物在生产上主要利用纯系品种,也可以通过品种(系)混合,利用混合(系)品种;配制杂交种时,一般是品种间的杂交种。纯系品种的种子生产比较简单,对原种进行一次或几次扩繁即可作为生产用种,也可采用单株选择、分系比较、混系繁殖的方法,用"三圃制"生产原种。在种子生产中,保持品种纯度,主要是防止各种形式的机械混杂,田间去杂是主要的技术措施。其次是防止生物学混杂,但对隔离条件要求不严,可采取适当隔离。

2. 异花授粉作物

在生产上,异花授粉作物通常是由遗传基础不同的雌雄配子结合而产生的异质结合体。其群体的遗传结构是多种多样的,包含许多不同基因型的个体,而且每一个体在遗传组成上都是高度杂合的。因此,异花授粉作物的品种是由许多异质结合的个体组成的群体。其后代产生分离现象,表现出多样性,故优良性状难以稳定的保持下去。这类作物自交强烈退化,表现为生活力衰退,产量降低等;异交有明显的杂种优势。

异花授粉作物最容易利用杂种优势,在生产上种植杂交种。但在亲本繁育和杂交制种过程中,为了保证品种和自交系的纯度及杂交种的质量,除防止机械混杂外,还必须采取严格的隔离措施和控制授粉,同时要注意及时拔除杂劣株,以防止发生不同类型间杂交。

3. 常异花授粉作物

这类作物虽然以自花授粉为主,在主要性状上多处于同质结合状态,但由于其天然异交率较高,遗传基础比较复杂,群体则多处于异质结合状态,个体的遗传性和典型性不易保持稳定。

在种子生产中,要设置隔离区、及时拔除杂株,防止异交混杂,同时要严防各种形式的机械混杂。在杂种优势利用上,可利用品种间杂交种,但最好利用自交系间杂交种。

(二)无性繁殖与种子生产

以营养繁殖或组织培养方式生产的无性繁殖后代叫无性繁殖系(即无性系)。由于后代品种群体来源于母本的体细胞,遗传物质只来自母本一方,所以不论母本遗传基础的纯或杂,其后代的表现型与母本完全相似,通常不发生分离现象。同一无性系内的植株遗传基础相同,而且具有原始亲本(母本)的特性。同样道理,无融合生殖所获得的后代,只具有母本或父本一方的遗传物质,表现母本或父本一方的性状。

无性繁殖作物品种的个体虽基因型杂合,但其后代群体表现型一致。因而易于保持品种的稳定性。可采用有性杂交与无性繁殖相结合的方法来改良无性繁殖作物。当前无性繁殖作物的病毒病是引起品种退化减产的主要原因,所以在种子生产过程中,除了要注意去杂选优,防止混杂退化以外,还应采取以防治病毒病为中心的防止良种退化的各种措施。

(三)种子特性与种子类别

1.种子特性

品种一般都具有 3 个基本需求或属性,即特异性(distinctness)、一致性(uniformity)和稳定性(stability),简称 DUS 三性。特异性是指一个植物品种有一个以上性状明显区别于已知品种。一致性是指一个植物品种的特性除可预期的自然变异外,群体内个体间相关的特征或者特性表现一致。稳定性是指一个植物品种经过反复繁殖后或者在特定繁殖周期结束时,其主要性状保持不变。在市场经济条件下,栽培植物的优良品种具有如下特性。

(1)经济性

品种是根据生产和生活需要而产生的植物群体,具有应用价值,能产生经济效益,是具有经济价值的群体。

(2)时效性

品种在生产上的经济价值是有时间性的。若一个优良品种没有做好提纯复壮工作,推广过程中发生了混杂退化,或不能适应变化了的栽培条件、耕作制度及病虫分布,或不能适应人类对产量、品质需求的不断提高,都会使其失去在农业生产上的应用价值而被新品种所替代。新品种不断替代老品种,是自然规律,因此,品种使用是有期限的。

(3)可生产性

一个品种,一般至少应符合优良性、稳定性、纯合性和适应性的需求。在适宜的自然或栽培条件下,能利用有利的生长条件,抵抗和减轻不利因素的影响,表现高产、稳产、优质和高效。

(4)地域性

品种是在一定自然、栽培条件下被选育的,其优良性表现具有地域性,若自然、栽培条件因地域不同而改变,品种的优良性就可能丧失,这是品种区域试验和引种试验的理论基础。

（5）商品性

在市场经济中,品种的种子是一种具有再生产性能的特殊商品。优良品种的优质种子能带来良好的经济效益,使种子生产和经营成为农业经济发展的最活跃生长点。

2. 种子级别分类

种子级别的实质可以说是质量的级别,主要是以繁殖的程序、代数来确定。不同的时期,种子级别的内涵也不同。1996 年以前,我国种子级别分三级,即原原种、原种和良种。从 1996 年起按新的种子检验规程和分级标准,目前我国主要粮食作物种子分类级别也是分三级,即育种家种子、原种与大田用种。

（1）育种家种子

育种家种子指育种家育成的遗传性状稳定的品种或亲本种子的最初一批种子。育种家种子是用于进一步繁殖的种子。

（2）原种

原种指用育种家种子繁殖的第一代至第三代,经确认达到规定质量要求的种子。

（3）大田用种

大田用种指用原种繁殖的第一代至第三代或杂交种,经确认达到规定质量要求的种子。

二、纯系学说与种子生产关系

1. 纯系学说

纯系学说是丹麦植物学家 Johannsen 于 1903 年提出的。其主要论点有以下几点。

（1）在自花授粉植物的天然混杂群体中,通过单株选择,可以分离出许多基因型纯合的家系。表明原始群体是各个纯系的混合体,通过个体选择能够分离出各种纯系,选择是有效的。

（2）在纯系内继续选择无效。因为纯系内各个体的基因型相同,它们之间的差异只是环境因素影响的结果,是不能稳定遗传的。

关于纯系的定义,Johannsen（1903）原先认为是"绝对自交单株的后代",后来改为"从一个自交的纯合单株所衍生的后代"。而现代书刊对纯系的定义是"由于连续近交或通过其他手段得到的在遗传相对纯的生物品系"。自交作物单株后代是纯系,异交作物人工强制自交的单株后代也是纯系。

纯系学说的理论意义在于,它区分了遗传的变异和不遗传的变异,指出了选择遗传变异的重要性,对选择的作用也进行了精辟的论述。因此,它为自花授粉作物的选择育种和种子生产提供了理论基础。

2. 纯系学说在种子生产中的指导意义

（1）保纯防杂

种子生产的中心任务是保纯防杂,所以在种子生产中,在品种真实性的基础上,纯度的高低是检验种子质量的第一标准。我们在扩大种子生产时,所有的农业技术措施重点之一,就是要保持纯度。在种子生产中,虽然有大量的自花授粉作物,但是绝对的完全的自花授粉几乎是没有的。由于种种因素的影响,总有一定程度的天然杂交,从而引起基因的重组,同时也可能发生各种自发的突变。这也是我们在种子质量定级时,纯度不能要求100%的原因。但是,这种理解和实际情况不能成为我们生产不合格种子的理由,恰恰相反,这应当是我们防止混杂退化的技术路线的关键。

我们知道,大多数作物的经济性状都是数量性状,是受微效多基因控制的。所以,完全的纯系是没有的。所谓"纯"只能是局部的、暂时的和相对的,随着繁殖的扩大必然会降低后代的相对纯度。因此,在现代种子生产中,提出了尽可能地减少生产代数的要求。

（2）在原种生产中单株选择的重要性

纯系学说在育种和种子生产的最大影响是,在理论和实践上提出自花授粉作物单株选择的重大意义。在自交作物三年三圃制原种生产体系中,要按原品种的典型性,采取单株选择,单株脱粒,对株系进行比较,一步步进行提纯复壮。

三、品种混杂退化原因及防止方法

(一)品种混杂退化

一个优良品种,在生产上可以连续几年发挥其增产作用。但任何一个品种的种性都不是固定不变的。随着品种繁殖世代的增加,往往由于各种原因引起品种的混杂退化,致使产量、品质降低。

品种混杂是指一个品种群体内混进了不同种或品种的种子或上一代发生了天然杂交或基因突变,导致后代群体中分离出变异类型,造成品种纯度降低。品种退化是指品种遗传基因发生了变化,使经济性状变劣、抗逆性减退、产量降低、品质下降,从而丧失原品种在农业生产上的利用价值。

品种的混杂和退化有着密切的联系,往往由于品种发生了混杂,才导致了品种的退化。因此,品种的混杂和退化虽然属于不同概念,但两者经常交织在一起,很难截然分开。一般来讲,品种在生产过程中,发生了纯度降低、种性变劣、抗逆性减退、产量下降、品质变劣等现象,就称为品种的混杂退化。

品种混杂退化是农业生产中的一种普遍现象。主干品种发生混杂退化后,会给农业生产造成严重损失。一个优良品种种植多年,总会发生不同变化,混入其他品种或产生一些不良类型,出现植株高矮不齐,成熟早晚不一,生长势强弱不同,病、虫危害加重,抵抗不良环境条件的能力减弱,穗小、粒少等现象。

此外,品种混杂退化还会给田间管理带来困难,如植株生长不整齐等。品种混杂退化,还会增加病虫害传播蔓延的机会,如小麦赤霉病菌是在温暖、阴雨天气,趁小麦开花时侵入穗部的,纯度高的小麦品种抽穗开花一致,病菌侵入的机会少。相反,混杂退化的品种,抽穗期不一致,则病菌侵入的机会就增多,致使发病严重。可见,品种的混杂退化是农业生产中必须重视并及时加以解决的问题。

(二)品种混杂退化的原因

引起品种混杂退化的原因很多,而且比较复杂。有的是一种原因引起的,有的是多种原因综合作用造成的。不同作物、同一作物不同品种以及不同地区之间混

杂退化的原因也不尽相同。归纳起来,品种的混杂退化主要有以下几种类型:

1. 机械混杂

机械混杂是在种子生产过程中人为因素造成的混杂。如在种子处理(晒种、浸种、拌种、包衣)、播种、补种、补栽、收获、脱粒、贮藏和运输等作业过程中,人为疏忽或不按种子生产操作规程,使繁育的品种内混入了其他种、品种的种子,造成机械混杂。此外,由于留种田选用连作地块,前作品种自然落粒的种子和后作的不同品种混杂生长,也会引起机械混杂。由于施用未腐熟的有机肥料,其中混有其他具有生命力的种子,也可能导致机械混杂。对已经发生机械混杂的品种如不采取有效措施及时处理,其混杂程度就会逐年增加,致使该品种退化,直至丧失使用价值。

机械混杂有两种情况,一是混进同一作物其他品种的种子,即品种间的混杂。由于同种作物不同品种在形态上比较接近,田间去杂和室内清选较难区分,不易除净。所以,在良种繁育过程中应特别注意防止品种间混杂的发生;二是混进其他作物或杂草的种子。这种混杂不论在田间或室内,均易区别和发现,较易清除。品种混杂现象中,机械混杂是最主要的原因,所以,在种子生产工作中,应特别重视防止机械混杂的发生。

2. 生物学混杂

生物学混杂是由于天然杂交而造成的混杂。在种子生产过程中,未将不同品种进行符合规定的隔离,或者繁育的品种本身发生了机械混杂,从而导致不同品种间发生天然杂交,引起群体遗传组成的改变,使品种的纯度、典型性、产量和品质降低。有性繁殖作物均有一定的天然杂交率,尤其异花、常异花授粉作物,天然杂交率较高,若不注意采取有效隔离措施,极易发生天然杂交,致使后代产生分离,出现不良单株,导致生物学混杂,而且混杂程度发展很快。例如一个玉米自交系繁殖田内,混有少数杂株,若不及时去掉,任其自由授粉,只要两三年的时间,这个自交系便会面目全非,表现为植株生长不齐,成熟不一致,果穗大小差别很大,粒型、粒色等均有很大变化,丧失了原来的典型性。因此,生物学混杂是异花、常异花授粉作物混杂退化的主要原因。自花授粉作物天然杂交率较低,但在机械混杂严重的情况下,天然杂交机会增多。也会因一定数量的天然杂交而产生分离,使良种种性变劣。

生物学混杂一般是由同种作物不同品种间发生天然杂交,造成品种间的混杂。但有时同种作物在亚种之间也能发生天然杂交。

3. 品种本身的变异

一个品种在推广以后,由于品种本身残存杂合基因的分离重组和基因突变等原因而引起性状变异,导致混杂退化。品种可以看成一个纯系,但这种"纯"是相对的,个体间的基因组成总会有些差异,尤其是通过品种间杂交或种间杂交育成的品种,虽然主要性状表现一致,但次要性状常有不一致的现象,即有某些残存杂合基因存在。特别是那些由微效多基因控制的数量性状,难以完全纯合,因此,就使得个体间遗传基础出现差异。在种子繁殖过程中,这些杂合基因不可避免地会出现分离、重组,导致个体性状差异加大,使品种的典型性、一致性降低,纯度下降。

在自然条件下,品种有时会由于某种特异环境因子的作用而发生基因突变。研究表明,大部分自然突变对作物本身是不利的,这些突变一旦被留存下来,就会通过自身繁殖和生物学混杂方式,使后代群体中变异类型和变异个体数量增加,导致品种混杂退化。

4. 不正确的选择

在种子生产过程中,特别是在品种提纯复壮时,如果对品种的性状不了解或了解不够,不能按照品种性状的典型性进行选择和去杂去劣,就会使群体中杂株增多,导致品种的混杂退化。如在间苗时,人们往往把那些表现好的,具有杂种优势的杂种苗误认为是该品种的壮苗加以选留、繁殖,结果造成混杂退化。在品系繁殖过程中,人们也经常把较弱品系的幼苗拔掉而留下壮大的杂交苗,这样势必加速混杂退化。

在提纯复壮时,如果选择标准不正确,而且选株数量又少,那么,所繁育的群体种性失真就越严重,保持原品种的典型性就越难,品种混杂退化的速度就越快。

5. 不良的环境和栽培条件

一个优良品种的优良性状是在一定的环境条件和栽培条件下形成的,如果环境条件和栽培技术不适宜品种生长发育,则品种的优良种性得不到充分发挥,导致某些经济性状衰退、变劣。特别是异常的环境条件,还可能引起不良的变异或病变,严重影响产量和品质。如水稻生育后期和成熟期的温度不合适,谷粒大小和品质就会发生变化。

6. 不良的授粉条件

对异花、常异花授粉作物而言,自由授粉受到限制或授粉不充分,会引起品种退化变劣。

7. 病毒侵染

病毒侵染是引起某些无性繁殖植物混杂退化的主要原因。病毒一旦侵入健康植株,就会在其体内扩繁、传输、积累,随着无性繁殖,会使病毒由上一代传到下一代。一个不耐病毒的品种,到第4~5代就会出现绝收现象;即使是耐病毒的品种,其产量和品质也严重下降。

总之,品种混杂退化有多种原因,各种因素之间又相互联系、相互影响、相互作用。其中机械混杂和生物学混杂较为普遍,在品种混杂退化中起主要作用。因此,在找到品种混杂退化的原因并分清主次的同时,必须采取综合技术措施,解决防杂保纯的问题。

(三)防止品种混杂退化的方法

品种发生混杂退化以后,纯度显著降低,性状变劣,抗逆性减弱,最后,导致产量下降,品质变差,给农业生产造成损失,品种本身亦会失去利用价值。因此,在种子生产中必须采取有效措施,防止和克服品种混杂退化现象的发生。

品种混杂退化有多方面的原因,因此,防止混杂退化是一项比较复杂的工作。它的技术性强,持续时间长,涉及种子生产的各个环节。为了做好这项工作,必须加强组织领导,制定有关规章制度,建立健全良种繁育体系和专业化的工作队伍,坚持"防杂重于除杂,保纯重于提纯"的原则。在技术方面,需做好以下几方面的工作。

1. 建立严格的种子生产规则,防止机械混杂

机械混杂是品种混杂退化的主要原因之一,预防机械混杂是保持品种纯度和

典型性的重要措施。从繁种田块安排、种子准备、播种到收获、贮藏的全过程中,必须认真遵守种苗生产规则,合理安排繁殖田的轮作和耕种,注意种苗的接收和发放手续,认真执行种、收、运、脱、晒、藏的操作技术规程,从各个环节杜绝机械混杂的发生。

(1)合理安排种子繁殖田的轮作和布局

种子繁殖田一般不宜连作,以防上季残留种子在下季出苗而造成混杂,并注意及时中耕,以消灭杂草。在作物布局上,种子生产一定要把握规模种植的原则,建立集中连片的繁育基地,切忌小块地繁殖;要把握同一区域内不繁殖相同作物不同品种的原则,杜绝机械混杂的途径。

(2)认真核实种子的接收和发放手续

在种子的接收和发放过程中,要认真核实,严格检查种子的纯度、净度、发芽力、水分等,鉴定品种真实性和种子等级,如有疑问,必须核查解决后才能播种。

(3)做好种子处理和播种工作

播种前的种子处理,如晒种、选种、浸种、催芽、拌种、包衣等,必须做到不同品种、不同等级的种子分别处理,种子处理和播种时,用具必须清理干净,并由专人负责。

(4)严格遵守单收、单运、单脱、单晒、单藏等各环节的操作规程

不同品种不得在同一个晒场上同时脱粒、晾晒;贮藏时,不同品种以及同一品种不同等级的种子必须分别存放。种子要装袋,并在种子袋内外各放一标签,标明品种名称、产地、等级、生产年代、重量等。各项操作的用具和场地,必须清理干净,并由专人负责,认真检查,以防混杂。

2.采取隔离措施,严防生物学混杂

对于容易发生天然杂交的异花、常异花授粉作物,必须采取严格的隔离措施,避免因风力或昆虫传粉造成生物学混杂。自花授粉作物也要进行隔离。隔离的方法有空间隔离、时间隔离、自然屏障隔离、高秆作物隔离等,对量少而珍贵的材料,也可用人工套袋法进行隔离。

(1)空间隔离

各种植物由于花粉数量、传粉能力、传粉方式等不同,隔离的距离也不一样。玉米制种一般隔离区距离为 300m,自交系繁殖隔离区距离为 500m;小麦、水稻繁殖田也要适当隔离,一般 50~100m;番茄、豆角、菜豆等自花授粉蔬菜作物生产原种,隔离区距离要求 100m 以上。

(2)时间隔离

通过播种时间的调节,使繁殖种子的开花时间与其他品种错开。一般错期 25~30d 即可实现时间隔离。

(3)自然屏障隔离

利用山丘、树林、果园、村庄等进行隔离。

(4)高秆作物隔离

采用高秆的其他作物进行隔离。

(5)套袋隔离

是最可靠的隔离方法,一般在提纯自交系、生产原原种,以及少量的蔬菜制种时使用。

3. 严格去杂去劣,加强选择

种子繁殖田必须坚持严格的去杂去劣措施,一旦繁殖田中出现杂劣株,应及时除掉。杂株指非本品种的植株;劣株指本品种感染病虫害或生长不良的植株。去杂去劣应在熟悉本品种各生育阶段典型性状的基础上,在植物不同生育时期分次进行,务求去杂去劣干净彻底。

加强选择,提纯复壮是促使品种保持高纯度,防止品种混杂退化的有效措施。在种子生产过程中,根据植物生长特点,采用块选、株选或混合选择法留种可防止品种混杂退化,提高种子生产效率。

4. 定期进行品种更新

种子生产单位应不断从品种育成单位引进原原种,繁殖原种,或者通过选优提纯法生产原种,始终坚持用纯度高、质量好的原种繁殖大田生产用种子,是保持品种纯度和种性、防止品种混杂退化、延长品种使用寿命的一项重要措施。此外,要根据社会需求和育种科技发展状况及时更新品种,不断推出更符合人类要求的新品种,是防止品种混杂退化的根本措施。因而,在种子生产过程中,要加强引种试验,密切与育种科研单位联系,保证主要推广品种的定期更新。

5. 改变生育条件

对于某些植物可采用改变种植区生态条件的方法,进行种子生产,以保持品种种性,防止混杂退化。如马铃薯,因高温条件会使退化加重,故平原区一般不进行春播留种,可在高纬度冷凉的北部或高海拔山区进行种子生产,或采取就地秋播留种。

6. 利用低温低湿条件贮存原种

利用低温低湿条件贮存原种是有效防止品种混杂退化、保持种性、延长品种使用寿命的一项先进技术。近年来,美国、加拿大、德国等许多国家都相继建立了低温、低湿贮藏库,用于保存原种和种质资源。我国黑龙江、辽宁等省采用一次生产、多年贮存、多年使用的方法,把"超量生产"的原种贮存在低温、低湿种子库中,每隔几年从中取出一部分原种用于扩大繁殖,使种子生产始终有原原种支持,从繁殖制度上,保证了生产用种子的纯度和质量。这样减少了繁殖世代,也减少了品种混杂退化的机会,有效保持了品种的纯度和典型性。

7. 脱毒技术的应用

利用脱毒技术生产脱毒种。通过茎尖分生组织培养,获得无病毒植株,进而繁殖无病毒种,可以从根本上解决品种退化问题。另外,研究表明,大多数病毒不能侵染种子,即在有性繁殖过程中,植物能自动汰除毒源。因此,无性繁殖作物还可通过有性繁殖生产种子,再用种子生产无毒种、汰除毒源、培育健康种苗。

四、杂种优势利用与杂交种种子生产

(一)杂种优势的概念

杂种优势是生物界的一种普遍现象,是指两个性状不同的亲本杂交产生的杂种,在生长势、生活力、抗逆性、繁殖力、适应性以及产量、品质等性状方面超过其双亲的现象。

（二）杂种优势的遗传理论

1. 显性假说（有利显性基因假说）

显性假说是 1910 年由 Bruce 提出的，受到了 Jones 等的支持。

基本论点是：杂种 R 集中了控制双亲有利性状的显性基因，每个基因都能产生完全显性或部分显性效应，由于双亲显性基因的互补作用，从而产生杂种优势。

2. 超显性假说

超显性假说是 1908 年由 Shull 提出的，受到了 East 和 Hull 等的支持。

基本论点是：杂合等位基因的互作胜过纯合等位基因的作用，杂种优势是由双亲杂交的 F_1 的异质性引起的，即由杂合性的等位基因间互作引起的。等位基因间没有显隐性关系，杂合的等位基因相互作用大于纯合等位基因的作用，按照这一假说，杂合等位基因的贡献可能大于纯合显性基因和纯合隐性基因的贡献。

（三）杂交种子生产途径

在配制杂交种时首先要解决的问题是去雄，即两个亲本中作为母本的一方，采用何种方式去掉其雄花的问题。不同的作物，由于花器构造和授粉方式的不同，去雄的方式也就不同，这也就决定了采用何种途径来生产杂交种。目前主要有下列途径。

1. 人工去雄

人工去雄配制杂交种是杂种优势利用的常用途径之一。采用这种方法的作物需具备以下 3 个条件：①花器较大、去雄容易；②人工杂交一朵花能够得到较多的种子；③种植杂交种时用种量较小。

2. 利用理化因素杀雄制种

雌雄配子对各种理化因素反应的敏感性不同，用理化因素处理后，能有选择性地杀死雄性器官而不影响雌性器官，以代替去雄。它适应于花器小、人工去雄困难的作物，如水稻、小麦等。

3. 标志性状的利用

用某一对基因控制的显性或隐性性状作为标志，来区别杂交种和自交种，可以用不进行人工去雄授粉的方法获得杂交种。可以用作标志的性状,有水稻的紫色对绿色叶枕、小麦的红色对绿色芽鞘、棉花的绿苗对芽黄苗和有腺体对无腺体等。具体做法是:给杂交父本转育一个苗期出现的显性标志性状,或给母本转育一个苗期出现的隐性标志性状,用这样的父母本进行不去雄放任杂交,从母本上收获自交和杂交两类种子。播种后根据标志性状,在间苗时拔除具有隐性性状的幼苗,即假杂种或母本苗,留下具有显性性状的幼苗就是杂种植株。

4. 自交不亲和性的利用

自交不亲和是指同一植株上机能正常的雌雄两性器官和配子,因受自交不亲和基因的控制,不能正常交配的特性。表现为自交或兄妹交不结实或结实极少,具有这种特性的品系称为自交不亲和系。如十字花科、豆科、蔷薇科、茄科、菊科等。配制杂交种时,以自交不亲和系作母本与另一自交亲和系作父本按比例种植,就可以免除人工去雄的麻烦,从母本上收获杂交种。如果双亲都是自交不亲和系,对正反交差异不明显的组合,就可互做父母本,最后收获的种子均为杂交种,供大田使用。目前生产上使用的大白菜、甘蓝等的杂交种就是此种类型。

5. 利用雄性不育性制种

(1)利用雄性不育系的意义

可以免去人工去雄的工作,且雄性不育性可以遗传,可从根本上免去人工去雄的麻烦。另外可以为一些难于进行人工去雄的作物提供了商业化杂种优势利用的途径。

(2)雄性不育性的概念

雄性不育性:雄蕊发育不正常,不能产生有功能的花粉,但它的雌蕊发育正常,能够接受正常花粉而受精结实。

质核型不育性用于生产,必须选育出"配套的三系",即雄性不育系、雄性不育保持系和雄性不育恢复系。

五、种子生产基地建设

推广优良品种,是促进农业增产的一项最基本的措施。生产作物良种离不开种子繁殖基地。建设好种子繁殖基地,对于完成种子生产计划、保证种子的质量具有重要的意义。因此,种子生产基地建设是种子工作的最基本内容。

种子生产基地是在优良环境和安全的隔离条件下,保质保量地生产农作物种子的场所。建设种子生产基地,可以充分、有效地利用地理优势、技术优势,生产出数量足、品种品质与播种品质均好的优良种子,满足种子市场需求。随着种子工程的实施,种子生产向集团化、产业化方向发展,新型的种子生产基地不断建立和完善,有力地促进了种子产业的发展。

(一)现代种子生产基地的要求

种子生产基地建立之前,应对预选基地进行细致调查研究,经过详细比较后择优建立。种子生产基地一般应具备以下条件。

1. 自然与生产条件

①基地隔离条件好,具有空间隔离或天然屏障隔离条件。

②基地的无霜期相对较长,能够满足作物生育期对温度的需求。

③土地集中连片、肥沃、灌排方便,无灌溉条件的降雨要充足。

④作物各种病虫害较轻,不能在重病地或病虫害常发生地区以及有检疫性病虫害的地区建立基地。

⑤交通方便,便于种子运输。

⑥基地农业生产水平高,群众有科学种田经验,又有较好的生产条件。

2. 社会经济条件

①领导重视,群众积极性、主动性高。

②技术力量要强,通过培训,主要劳动力都能熟练掌握种子生产的技术,并愿意接受技术指导和监督,按生产技术规程操作。

③劳力充足,在种子生产关键期不会发生劳力短缺,贻误时机。劳动者文化素质较高,容易形成当地自己的技术力量。

④农户经济条件较好,能及时购买地膜、化肥、农药、种子等生产资料,具备一定的机械作业条件。

（二）建立种子生产基地程序

建立种子生产基地，通常要做好以下几个方面的工作。

1. 搞好论证

种子生产基地建立之前要搞好调查研究，对基地的自然条件（如无霜期、降雨量、隔离条件、土地面积、土壤肥力等）、社会经济条件（如土地生产水平、劳力情况、经济状况、干部群众的积极性、交通条件等）进行详细调查研究。在此基础上编写建立种子生产基地的任务书，内容主要包括基地建设目的与意义、基地建设的规划、基地建立的实施方案和基地建成后的经济效益分析等，并组织有关专家进行论证。

2. 详细规划

在有关专家充分论证的基础上搞好种子生产基地建设的详细规划。为了保证大田种子需要，在计划种子生产基地面积时，要留有余地。也可建一部分计划外基地，与基地订好合同，同基地互惠互利，共担风险。

3. 组织实施

制订出基地建设实施方案，并组织相关部门实施，各部门要分工协作，具体负责基地建设的各项工作，使基地保质保量、按期完成并交付使用。

（三）种子生产基地管理

当前种子生产基地正朝着集团化、规模化、专业化、社会化方向发展，搞好基地管理，有利于种子产业的发展。为此，要做好以下种子基地管理工作。

1. 种子生产基地计划管理

种子生产能否取得预期的经济效益，取决于市场的需求、种子本身的质量和数量等。因此，必须以市场为导向，以质量求生存，搞好基地的计划管理，不断提高经济效益和社会效益。

（1）按市场需求确定生产规模

种子是计划性很强的特殊商品，一方面，农作物种子是有生命的农业生产资料,其质量好坏直接影响来年的作物产量,进而影响农民利益;另一方面,农作物种子是有寿命的商品,而且季节性明显,种子寿命一旦丧失就失去了使用价值。同时,农作物种子过多与过少都会影响农业生产,给农民造成经济损失。

(2)推行合同制,预约生产、收购和供种

为了把种子按需生产建立在牢固的基础上,保护种子生产者和销售者的合法权益,协调产销之间的关系,改善经营管理,提高经济效益,应积极推行预购、预销合同制。

2.种子生产基地技术管理

种子生产尤其是杂交制种,包括选地隔离、规格播种、去杂去劣、适时去雄等一系列环节,技术性很强。任何一个环节的疏忽都可能造成种子质量下降乃至制种的失败。因此,种子生产基地一定要加强技术管理,保证制种工作保质保量完成。

①制定统一的技术规程。我国种子生产经历了“四自一辅”“四化一供”等发展阶段,目前形成了种子专业化、集团化、商品化生产,并初步形成了把品种区域试验、审定、生产、推广、加工、检验和经营等环节连成一体的产业化种子生产体系。

水稻、小麦等自花授粉和棉花等常异花授粉作物的常规品种,经审定后,由育种单位提供育种家种子,在生产单位实行原种、大田用种分级繁育。对生产上正在应用的品种,可采用“三圃制”或“二圃制”方法提纯后,生产原种。再由特约种子生产基地或各专业村(户)用原种繁殖出大田用种,供生产应用。

②建立健全技术岗位责任制,实行严格的奖惩制度。

③建立健全技术培训制度,提高种子生产者的技术水平。

3.种子生产基地质量管理

种子生产专业化、标准化、商品化的程度不断提高,对种子质量提出了更高的要求。种子质量直接影响着作物产量的高低及其品质的优劣,关系到种子销售者的形象、实力乃至生存与发展。所以,基地的质量管理是一项十分重要的工作,必须严格种子生产的质量管理,加强执法管理力度,完善质量管理体系。

①实行种子专业化、规模化生产。种子生产田相对集中、隔离安全、容易发挥基地的地理优势,生产技术水平高工作能力强,容易发挥基地的人才优势。还可以

充分调动农户生产积极性和主观能动性,愿意接受技术指导和培训,来发挥基地的管理优势。

②严把质量关,规范作业。

③建立健全种子检验制度,做好贮藏与加工工作。

第二节　种子管理基础

一、品种区域试验与生产试验

品种布局区域化是合理利用良种,充分发挥其增产作用的一项重要措施,也是品种推广的基础。育种单位育成的新品种要在生产上推广种植,必须先经过品种审定机构统一布置的品种区域化试验鉴定,确定其适宜推广区域范围、推广价值和品种适宜的栽培条件。品种区域化鉴定是通过品种的区域试验、生产试验、栽培试验,对品种的利用价值、适宜范围及适宜栽培条件等做出全面的评价,为品种布局区域化提供依据。

(一)区域试验

品种区域试验是鉴定和筛选适宜不同生态区种植的丰产、稳产、抗逆性强、适应性广的优良作物新品种,并为品种审定和区域布局提供依据。

1.区域试验的组织体系

我国农作物品种区域试验分为国家和省(市、自治区)两级。国家级区域试验是跨省的,由农业部种子管理部门或全国农作物品种审定委员会与中国农科院负责组织;省(市、自治区)级区域试验由各省(市、自治区)的种子管理部门或品种审定委员会与同级农业科学院负责组织。除有条件的地区受省品种审定委员会委托可以组织区域试验外,地、县级一般不单独组织区域试验。

参加全国区域试验品种,一般由各省(市、自治区)的区域试验主持单位或全国攻关联合试验主持推荐;参加省(市、自治区)区域试验品种,由各育种单位所在地区品种管理部门推荐。申请参加区域试验品种(或品系),必须有 2 年以上育种单位的品种(或品系)比较试验结果,以及自己设置的品系多点试验结果,一般要求比对照增产 10% 以上,或具有某些特异性状、产量品质等性状又不低于对照品种。

2. 区域试验任务

①客观鉴定参试品种的主要特征特性,如丰产性、稳产性、适应性和品质等性状,并分析其增产效果和增产效益,以确定其利用价值。

②确定各地区适宜推广的主栽品种和搭配品种。

③为优良品种划定最适宜的推广区域,做到因地制宜种植优良品种,恰当地和最大限度地发挥优良品种的增产潜力。

④了解新品种适宜的栽培技术,做到良种良法相结合。

⑤向品种审定委员会推荐符合审定条件的新品种。

3. 区域试验方法和程序

(1)划区设点

根据作物分布范围的农业区划或生态区划,以及各种作物的种植面积等选出有代表性的科研单位或良种场作为试验点。试验点必须有代表性,且分布要合理。试验地要求土地平整、地力均匀,还要注意茬口和耕作栽培技术的一致性,以提高试验的精确度。

(2)试验设计

区域试验在小区排列方式、重复次数、记载项目和标准等方面都要有统一的规定。一般采用完全随机区组设计,重复 3~5 次,小区面积十几平方米到几十平方米,稀植作物面积可大些,密植作物可适当小些。参试品种 10~15 个,一般只设一个对照,必要时可以增设当地推广品种作为第二对照。

(3)试验年限

区域试验一般进行 2~3 年,其中表现突出品系可以在参加第二年区试时,同时参加生产试验。个别品系第一年在各试验点普遍表现较差时,可以考虑淘汰该品系。

（4）田间管理

试验地的各项管理措施,如追肥、浇水、中耕除草、病虫害防除等应当均匀一致,并且每一项措施要以重复为单位,在一天内完成,以减少误差。在全生育期内注意加强观察记载,充分掌握品系的性状表现及其优缺点。观察记载项目也要以重复为单位在一天内完成。

（5）总结评定

每年由主持单位汇总各试验点的试验材料,对供试品系做出全面评价后,提出处理意见和建议,报同级农作物品种审定委员会,作为品种审定的重要依据。

（二）生产试验和栽培试验

参加生产试验的品种,应是参试第一、二年在大部分区域试验点上表现性状优异,增产效果在10%以上,或具有特殊优异性状的品种。参试品种除对照品种外一般为2~3个,可不设重复。生产试验种子由选育(引进)单位提供,质量与区域试验用种要求相同。在生育期间尤其是收获前,要进行观察评比。

生产试验原则上在区域试验点附近进行,同一生态区内试验点不少于5个,进行1个生产周期以上。生产试验与区域试验可交叉进行。在作物生育期间进行观察评比,以进一步鉴定其表现,同时起到良种示范和繁殖的作用。

生产试验应选择地力均匀的地块,也可一个品种种植一区,试验区面积视作物而定。稻、麦等矮秆作物,每个品种不少于660m²,对照品种面积不少于300m²;玉米、高粱等高秆作物1000~2000m²。

在生产试验以及优良品种决定推广的同时,还应进行栽培试验,目的在于摸索新品种的良种良法配套技术,为大田生产制定高产、优质栽培措施提供依据。栽培试验的内容主要有密度、肥水、播期及播量等,视具体情况选择1~3项,结合品种进行试验。试验中也应设置合理的对照,一般以当地常用的栽培方式做对照。当参加区试的品种较少,而且试验的栽培项目或处理组合又不多时,栽培试验可以结合区域试验进行。

二、品种审定和登记

（一）品种审定

品种审定就是根据品种区域试验结果和生产试验的表现,对参试品种(系)科学、公正、及时地进行审查、定名的过程。实行主要农作物品种审定制度,可以加强主要农作物的品种管理,有计划、因地制宜地推广优良品种,加强育种成果的转化和利用,避免盲目引种和不良播种材料的扩散,防止在一个地区品种过多、种子混杂等"多、乱、杂"现象,以及品种单一化、盲目调运等现象的发生。这些都是实现生产用种良种化、品种布局区域化,合理使用优良品种的必要措施。

（二）品种审定组织体制和任务

农业部发布的《主要农作物品种审定办法》规定:我国农作物品种实行国家和省(市、自治区)两级审定制度。农业部设立全国农作物品种审定委员会(简称全国评审会),各省(市、自治区)人民政府农业主管部门设立省级农作物品种审定委员会[简称省(市、自治区)评审会],市(地、州、盟)人民政府农业主管部门可设立农作物品种审查小组。全国评审会与省级评审会是在农业部和省级人民政府农业主管部门领导下,负责农作物品种审定的权力机构。

品种审定是对品种的种性和实用性的确认及其市场准入的许可,是建立在公正、科学的试验、鉴定和检测基础上,对品种的利用价值、利用程度和利用范围的预测和确认。主要是通过品种的多年多点区域试验、生产试验或栽培试验,对其利用价值、适应范围、推广地区及栽培条件的要求等做出比较全面的评价。一方面为生产上选择应用最适宜的品种,充分利用当地条件,挖掘其生产潜力;另一方面为新品种寻找最适宜的栽培环境条件,发挥其应有的增产作用,给品种布局区域化提供参考依据。我国现在和未来很长一段时期内,对主要农作物实行强制审定,对其他农作物实行自愿登记制度。《中华人民共和国种子法》中明确规定,主要农作物品种和主要林木品种在推广应用前应当通过审定。我国主要农作物品种规定为稻、小麦、玉米、棉花、大豆、油菜和马铃薯共 7 种。各省、自治区、直辖市农业行政主管部门可根据本地区的实际情况再确定 1~2 种农作物为主要农作物,予以公布并报农业部备案。

(三)品种审定方法和程序

1. 报审条件

申请品种审定的单位和个人,可以直接申请国家审定或省级审定,也可以同时申请国家和省级审定,还可以同时向几个省(直辖市、自治区)申请审定。

申请审定的品种应当具备下列条件:

①人工选育或发现并经过改良。

②与现有品种(本级品种审定委员会已受理或审定通过的品种)有明显区别。

③遗传性状相对稳定。

④形态特征和生物学特性一致。

⑤具有适当的名称。

2. 申报材料

申请品种审定的单位或个人,应当向品种审定委员会办公室提交申请书。申请书包括以下内容。

①申请者名称、地址、邮政编码、联系人、电话号码、传真、国籍。

②品种选育的单位或个人全名。

③作物种类和品种暂定名称。品种暂定名称应当符合《中华人民共和国植物新品种保护条例》的有关规定。

④建议的试验区域和栽培要点。

⑤品种选育报告,包括亲本组合以及杂交种的亲本血缘、选育方法、世代和特性描述。

⑥品种(含杂交种亲本)特征描述以及标准图片。

转基因品种还应当提供农业转移基因生物安全证书。

3. 申报程序和时间

申请者提出申请(签章)→申请者所在单位审查、核实(加盖公章)→主持区域试验和生产试验单位推荐(签名盖章)→报送品种审定委员会。向国家级申报的品种须有育种者所在省(市、自治区)或品种最适宜种植的省级品种审定委员会签署意见。

按照现行规定,申报国家级审定的农作物品种的截止时间为每年3月31日,各省审定农作物品种的申报时间由各省自定。

凡是申报审定品种,申报者必须按申报程序处理,未按申报程序办理手续者,一般不予受理。

4. 审定与命名

对于完成品种试验程序的品种,品种审定委员会办公室一般在3个月内汇总结果,并提交品种审定委员会专业委员会或者审定小组初审。专业委员会(审定小组)在2个月内完成初审工作。

专业委员会(审定小组)初审品种时召开会议,到会委员应达到该专业委员会(审定小组)委员总数2/3以上的,会议有效。对品种的初审,根据审定标准,采用无记名投票表决,赞成票数超过该专业委员会(审定小组)委员总数1/2以上的品种,通过初审。

初审通过的品种,由专业委员会(审定小组)在1个月内将初审意见及推荐种植区域意见提交主任委员会审核,审核同意的,通过审定。主任委员会在1个月内完成审定工作。

审定通过的品种,由品种审定委员会编号、颁发证书,同级农业行政主管部门公告。编号为品种审定委员会简称、作物种类简称、年号、序号,其中序号为三位数。

省级品种审定公告,要报国家品种审定委员会备案。

审定公告在相应的媒体上发布。审定公告公布的品种名称为该品种的通用名称。

审定通过的品种,在使用过程中如发现有不可克服的缺点,由原专业委员会或者审定小组提出停止推广建议,经主任委员会审核同意后,由同级农业行政主管部门公告。

审定未通过的品种,由品种审定委员会办公室在 15 日内通知申请者。申请者对审定结果有异议的,在接到通知之日起 30 日内,可以向原品种审定委员会或者上一级品种审定委员会提出复审。品种审定委员会对复审理由、原审定文件和原审定程序进行复审,在 6 个月内做出复审决定,并通知申请者。

三、植物新品种保护与推广

(一)植物新品种保护

为了保护植物新品种权,鼓励培育和使用植物新品种,促进农业、林业的发展,我国于 1997 年 3 月发布了《中华人民共和国植物新品种保护条例》,1997 年 10 月 1 日起实施。1999 年 3 月 23 日,我国正式向国际植物新品种保护联盟(UPOV)递交了《国际植物新品种保护公约(1978 年文本)》的加入书,使得我国成为 UPOV 的成员国。

植物新品种保护目的是通过有关法律、法规和条例,保护育种者的合法权益,鼓励培育和使用植物新品种,促进植物新品种的开发和推广,加快农业科技创新步伐,扩大国际农业科技交流与合作。被授予品种权的新品种选育单位或个人享受生产销售和使用该品种繁殖材料的独有权,同专利权、商标权和著作权一样,也是知识产权的主要组成部分。我国植物新品种保护对象是经过人工培育或者发现的野生植物加以开发,具有新颖性、特异性、一致性和稳定性,并有适当命名的植物新品种。农业植物和林业植物分别由农业部和国家林业部门负责植物新品种权申请受理、审查,并对符合条例的植物新品种授予植物新品种权。1999 年 4 月 20 日,农业部植物新品种保护办公室公布了首批农业植物新品种权申请代理机构和申请人名单,并开始正式受理国内外单位和个人在中国境内的植物新品种权申请。1999 年 9 月 1 日由农业部植物新品种保护办公室为配合《中华人民共和国植物新品种保护条例》实施而创办的集法律、技术和信息于一体的期刊《植物新品种保护公报》第一期正式发行。

植物新品种保护有利于在我国育种行业中建立一个公正、公平的竞争机制。这个机制可以最大限度地调动育种者培育新品种的积极性,进一步激励育种者积极投入植物品种创新活动,从而培育出更多更好优良品种。通过植物新品种保护,育种者可以获得应得的利益。这样育种者不仅可以收回自己投入的育种资本,还可以将这部分资本再投入到新的植物品种培育中,同时还可以吸引社会投资用于育种事业。由此往复,可以使植物新品种的培育机制更好地适应市场经济,从而使能够培育出大量优良品种单位得以充实发展,使在育种上无所作为的育种单位自行解体转向。

植物新品种保护有利于种子繁殖经营部门在相应的法律制度保护下进行正常种子繁殖经营活动。一旦出现低劣品种滥繁或假冒种子销售,用户、种子繁育经营部门和育种者均可以从维护自身利益出发而诉诸法律。植物新品种保护还有利于促进国际间品种交流合作。

(二)植物新品种推广

新品种审定通过后,一般种子的数量很少,必须采用适当的方式,加速繁殖和推广,使之尽快地在生产中应用和普及。新品种在生产过程中必须采取有效的方式推广、合理使用。尽量保持其纯度,延长其寿命,使之持续地发挥作用。

植物新品种推广的方式有以下几种。

(1)分片式

按照生态、耕作栽培条件,把推广区域划分成若干片,与县级种子管理部门协商分片轮流供应新品种的原种及其后代种子方案。自花授粉作物和无性繁殖作物自己留种,供下一年度生产使用;异花授粉作物分区组织繁种,使一个新品种能在短期内推广普及。

(2)波流式

先在推广区域选择若干个条件较好的乡、村,将新品种的原种集中繁殖后,通过观摩、宣传,再逐步推广。

(3)多点式

将繁殖出的原种或原种后代,先在各区县每个乡镇,选择1~2个条件较好的专业户或承包户,扩大繁殖,示范指导,周围的种植户见到高产增值效果后,第二年即可大面积普及。

（4）订单式

对于优质品种、有特定经济价值的作物，先寻找加工企业（龙头企业）开发新产品，为新品种产品开辟消费渠道。在龙头企业支持下，新品种的推广采取与种植户实行订单种植的方法。

（三）品种区域化和良种合理布局

任何一种农作物新品种都是育种者在某一个区域范围内，在一定的生态条件下，按照生产的需要，通过各种育种手段选育而成的优良生态类型，以致各有其生态特点，对外界环境都具有一定的适应性。这种适应性就是该品种在生产上的局限性和区域性。不同农作物品种适应不同的自然条件、栽培和耕作条件，必须在适宜其生长发育的地区种植，因此对农作物品种应该进行合理的布局。品种区域化就是依据品种区域试验结果和品种审定意见，使一定的品种在适宜地区范围内推广的措施。在一个较大的地区范围内，配置具有不同特点的品种，使生态条件得到最好的利用，将品种的生产潜力充分地发挥出来，使之能丰产、稳产。

（四）良种合理搭配

在一个地区应推广一个主栽品种和2~3个搭配品种，防止品种的单一化给生产造成重大损失，也要防止品种过多而造成品种混杂。主栽品种的丰产性、稳定性、抗逆性要好，适应性要强，能获得较为稳定的产量。搭配相应的品种可以调节农机和劳力的分配。同时从预防病虫害流行传播方面看，也应做到抗原的合理搭配，否则单一品种的种植，会造成相连地块同一病虫害的迅速蔓延，导致大流行，结果造成产量和品质降低。对于棉花等异交率高、容易造成混杂退化的经济作物，最好一个生态区或一个县只种植一个品种。

第二章　自交作物种子生产技术

第一节　基本知识

种子的含义,在植物学和农业生产上是不同的。植物学上的种子是指从胚珠发育而成的繁殖器官;而农业生产中的种子是指一切可以被用作播种材料的植物器官。所以农业生产中各种作物的播种材料,即种子也称"农业种子"。它是最基本的农业生产资料,也是农业再生产的基本保证和重要的物质基础。

一、常规品种原种生产

常规品种即基因型纯合的优良品种。包括自花授粉、天然异交率较低的常异花授粉植物的纯系品种及其经杂交育种选育出的基因型纯合的优良品种。

原种在种子生产中起到承上启下的作用,各国对原种的繁殖代数和质量都有一定的要求。搞好原种生产是整个种子生产过程中最基本和最重要的环节。在目前的原种生产中,主要存在着两种不同的生产程序:一种是重复繁殖程序;一种是循环选择程序。

(一)重复繁殖程序

重复繁殖程序又称保纯繁殖程序,其种子生产程序是在限制世代基础上的分级繁殖。它的含义是每一轮种子生产的种源都是育种家种子,每个等级的种子经过一代繁殖只能生产较下一等级的种子,即用育种家种子只能生产基础种子,基础种子只能生产登记种子,登记种子只能生产检验种子即生产用种子。而育种家种子可以通过生产或仓储不断获得。这样,从育种家种子到生产用种,最多繁殖四代,形成常规品种原种生产的四级程序。下一轮原种种子生产依然重复相同的过程。

国际作物改良协会把纯系种子分为四级。即育种家种子、基础种子、登记种子、检验种子或生产用种子。我国有些地区和生产单位采用的四级种子生产程序即育种家种子、原原种、原种、大田用种也属于此类程序。

我国目前实行育种家种子或原原种、原种、大田用种三级种子生产程序,它也属于重复繁殖程序。但这种程序的种子级别较少,要生产足量种子,每个级别一般要繁殖多代。如原种是用育种家种子繁殖的第一代到第三代,大田用种是用原种繁殖的第一代到第三代,这样从育种家种子到大田用种,最少繁殖 3 代,最多繁殖 6 代,其种子生产程序虽然是分级繁殖,但没有限制世代。

重复繁殖程序既适用于自花授粉作物和常异花授粉作物常规品种的原种生产,也适用于杂交种亲本自交系、亲本品种和"三系"(雄性不育系、保持系、恢复系)种子的生产。

(二)循环选择程序

循环选择程序是指从某一品种群体中或其他繁殖田中选择单株,通过"个体选择、分系比较、混系繁殖"生产原种,然后扩大繁殖生产用种。如此循环提纯生产原种。这种方法实际上是一种改良混合选择法,主要用于自花授粉作物和常异花授粉作物常规品种的原种生产。根据比较过程长短的不同,有三圃制和两圃制的区别。

1. 三圃制原种生产程序

即单株选择、株行比较(株行圃)、株系比较(株系圃)、混系繁殖(原种圃)的四年制种子繁殖程序。

【操作技术 2-1-1】选择单株(穗)

单株选择是原种生产的基础,符合原品种特征特性的单株(穗),是保持原品种种性的关键。单株选择在技术上应注意以下 5 个方面。

①选株(穗)对象。必须是在生产品种的纯度较高的群体中选择。可以是原种圃、株系圃、原种繁殖的种子生产田,甚至是纯度较高的丰产田中进行选株(穗)。

②选株(穗)的标准。必须要符合原品种的典型性状。选择者要熟悉原品种

的典型性状,掌握准确统一的选择标准,不能注重选奇特株(穗)。选优重点放在田间选择,辅以室内考种。选择的重点性状有丰产性、株间一致性、抗病性、抗逆性、抽穗期、株高、成熟期以及便于区分品种的某些质量性状。

③选株(穗)的条件。要在均匀一致的条件下选择。不可在缺苗、断垄、地边、粪底等特殊条件下选择,更不能在有病虫害检疫对象的田中选择。

④选株(穗)的数量。根据下一年株(穗)行圃的面积及作物的种类而定。为了确保选择的群体不偏离原品种的典型性,选择数量要大。

⑤选株(穗)的时间和方法。田间选择在品种性状表现最明显的时期进行,例如,禾谷类作物可在幼苗期、抽穗期、成熟期进行。一般在抽穗或开花期初选、标记,在成熟期根据后期性状复选,入选的典型单株(穗)分别收获,室内再按株、穗、粒等性状进行决选。最后入选的单株(穗)分别脱粒、编号、保存,下一年进入株(穗)行圃比较鉴定。

【操作技术2-1-2】株(穗)行圃,即株行比较鉴定

①种植。在隔离区内将上一年入选的单株(穗)按编号分别种成一行或数行,建立株(穗)行圃,进行株(穗)行比较鉴定。株(穗)行圃应选择土壤肥沃、地势平坦、肥力均匀、旱涝保收、隔离安全的田块,以便于进行正确的比较鉴定。试验采用间比法设计,每隔9个或19个株行种一个对照,对照为本品种原种。各株(穗)行的播种量、株行距及管理措施要均匀一致,密度要偏稀,采用优良的栽培管理技术,要设不少于三行的保护行。

②选择和收获。在作物生长发育的各关键时期,要对主要性状进行田间观察记载,以比较、鉴定每个株(穗)行的典型性和整齐度。收获前,综合各株(穗)行的全面表现进行决选,淘汰生长差、不整齐、不典型、有杂株等不符合要求的株(穗)行。入选的株(穗)行,既要在行内各株间表现典型、整齐、无杂劣株,而且各行之间在主要性状上也要表现一致。收获时,先收被淘汰的株(穗)行,以免遗漏混杂在入选株(穗)行中。清垄后,再将入选株(穗)行分别收获,经室内考种鉴定后,将决选株(穗)行分别脱粒、保存,下一年进入株(穗)系比较试验。

【操作技术 2-1-3】株(穗)系圃,即株系比较试验

在隔离区内将上一年入选的株(穗)行种子各种一个小区,建立株系圃。对其典型性、丰产性和适应性等性状进行进一步的比较试验。试验仍采用间比法设计,每隔 4 个或 9 个小区设一对照区。对照为本品种的原种。田间管理、调查记载、室内考种、评选、决选等技术环节均与株(穗)行圃要求相同。入选的各系种子混合,下一年混合种于原种圃进行繁殖。

【操作技术 2-1-4】原种圃,即混系繁殖

在隔离区内将上一年入选株系的混合种子扩大繁殖,建立原种圃。原种圃分别在苗期、抽穗期或开花期、成熟期严格拔除杂劣株,收获的种子经种子检验,符合国家规定的原种质量标准即为原种。

原种圃要集中连片,隔离安全,土壤肥沃,采用先进的栽培管理措施,单粒稀播,以提高繁殖系数。同时,要严格去杂去劣,在种、管、收、运、脱、晒等过程中严防机械混杂。

一般而言,株行圃、株系圃、原种圃的面积比例以 1:(50~100):(1000~2000)为宜。即 667m² 株行圃可供 3~7hm² 株系圃的种子,可供 67~133hm² 原种圃的种子。

三圃制原种生产程序比较复杂,适用于混杂退化较重的品种。

2. 两圃制原种生产程序

两圃制原种生产程序也是单株选择、株行比较、混系繁殖。其与三圃制几乎相同,只是少了一次株系比较,在株行圃就将入选的各株行种子混合,下一年种于原种圃进行繁殖。两圃制原种生产由于减少了一次繁殖,因而与三圃制相比,在生产同样数量原种的情况下,要增加单株选择的初选株与决选株的数量和株行圃的面积。

两圃制原种生产程序适用于混杂退化较轻的品种。

采用循环选择程序生产原种时,要经过单株、株行、株系的多次循环选择,汰劣留优。这对防止和克服品种的混杂退化,保持生产用种的优良性状有一定作用。但是该程序也有一定的弊端,一是育种者的知识产权得不到很好的保护。二是种子生产周期长,赶不上品种更新换代的要求。三是种源不是育种家种子,起点不高。四是对品种典型性把握不准,品种易混杂退化。

随着我国种子产业的快速发展,农业生产对种子生产质量和效益提出了越来越高的要求,迫切需要不断改革和完善种子生产体系,主要体现在对种子生产程序的改革和创新上。通过借鉴国外种子生产的先进经验,并结合我国市场经济发展的国情和种子生产实践,提出和发展了一些新的原种生产程序,其中有代表性的程序有四级种子生产程序即育种家种子、原原种、原种、大田用种、株系循环程序(参见小麦原种生产技术)、自交混繁程序等。

二、常规品种大田用种生产

获得原种后,由于原种数量有限,一般需要把原种再繁殖1~3代,以供生产使用。这个过程称为原种繁殖或良种生产。大田用种供大面积生产使用,用种量极大,需要专门的种子田生产,才能保证大田用种生产的数量和质量。

1. 种子田的选择

为了获得高产、优质的种子,种子田应具备下列条件。

①交通便利、隔离安全、地势平坦、土壤肥沃、排灌方便、旱涝保收。

②实行合理轮作倒茬,避免连作危害。

③病、虫、杂草危害较轻,无检疫性病、虫、草害。

④同一品种的种子田最好集中连片种植。

2. 种子田大田用种生产程序

原种一般能繁殖1~3代,超过3代后,由其生产的大田用种的质量将难以保证。

将各级原种场、良种场生产出来的原种,第一年放在种子田繁殖,从种子田选择典型单株(穗)混合脱粒,作为下一年种子田用种,其余植株经过严格去杂去劣后混合脱粒,作为下一年生产田用种。第二年再在种子田重复第一年的程序,第三年也是一样的程序。这样,原种繁殖1~3代后淘汰,重新用原种更新种子田用种。

3. 种子田的管理

种子田应选择地势平坦、土壤肥沃、排灌方便的地块,以求旱涝保收。种子田要实行合理轮作,以避免连作造成的机械混杂。同一品种的种子田最好连片种植,与种子田相邻的田块最好种同一品种。在种子田的田间布局上要便于田间管理和去杂去劣工作。要精心管理,做到适时播种、适当稀植、加强肥水管理,使植株生长发育良好,提高繁殖系数。在生育期间要分期去杂去劣,保证品种纯度。种子收获时,要单独收、打、晒、藏,严防机械混杂。

三、加速种子生产进程方法

为了使优良品种尽快地在生产上发挥增产作用,必须加速种子的繁殖,即加速种子生产进程。加速种子繁殖的方法有多种,常用的有提高繁殖系数、一年多代繁殖和组织培养繁殖。

(一)提高繁殖系数

种子繁殖的倍数也称繁殖系数,它是指单位重量的种子经种植后,其所繁殖的种子的数量相当于原来种子的倍数。例如,小麦播种量是 10kg,收获的种子数量是350kg,则繁殖系数为35。

提高繁殖系数的主要途径是节约单位面积的播种量,可采用以下措施。

1. 稀播繁殖

也称稀播高繁。即充分发挥单株生产力,提高种子产量。这种方法一方面节约用种量,最大限度地发挥每一粒原种的生产力;另一方面通过提高单株产量,提高繁殖系数。

2. 剥蘖繁殖

以水稻为例,可以提早播种,利用稀播培育壮秧,促进分蘖,再经多次剥蘖插植大田,加强田间管理,促使早发分蘖,提高有效穗数,获得高繁殖系数。

3. 扦插繁殖

甘薯、马铃薯等根茎类无性繁殖作物,可采用多级育苗法增加采苗次数,也可用切块育苗法增加苗数,然后再采用多次切割,扦插繁殖的方法。

(二)一年多代繁殖

一年多代繁殖的主要方式是异地加代繁殖或异季加代繁殖。

1. 异地加代繁殖

利用我国幅员辽阔、地势复杂、气候差异较大的有利自然条件,进行异地加代,一年可繁殖多代。即选择光、热条件可以满足作物生长发育所需的某些地区,进行冬繁或夏繁加代。例如,我国常常将玉米、高粱、水稻、棉花、谷子等春播作物(4~9月),收获后到海南省、云南省等地进行冬繁加代(10月至翌年4月)的"北种南繁";油菜等秋播作物收获后到青海等高海拔高寒地区夏繁加代的"南种北繁";北方的春小麦1月份收获后在云贵高原夏繁,10月收获后再到海南岛冬繁,一年可繁殖3代。

2. 异季加代繁殖

利用当地不同季节的光、热条件和某些设备,在本地进行异季加代。例如,南方的早稻"翻秋"(或称"倒种春")和晚稻"翻春"。福建、浙江、广东、广西等地把早稻品种经春种夏收后,当年再夏种秋收,一年种植2次,加速繁殖速度。广东省揭阳县用100粒"IR8号"水稻种子,经过一年两季种植,获得了2516kg种子。再有,利用温室和人工气候室,可以在当地进行异季加代。

(三)组织培养繁殖

组织培养技术是依据细胞遗传信息全能性的特点,在无菌条件下,将植物根、茎、叶、花、果实甚至细胞培养成为一个完整的植株。目前,采用组织培养技术,可以对许多植物进行快速繁殖。例如,甘薯可以将其叶片剪成许多小块进行组织培养,待小叶块长成幼苗后再栽到大田,从而大大提高繁殖系数。再如,甘薯、马铃薯可以利用茎尖脱毒培养进行快繁。利用组织培养还可以获得胚状体,制成人工种子,使繁殖系数大大提高。

第二节 自交作物种子生产技术

一、小麦种子生产技术

小麦种子生产技术主要包括小麦的常规种子生产技术和杂交种种子生产技术。

(一)小麦种子生产生物学特性

小麦从外部形态形成可概括为 10 个时期,即种子萌发、出苗、三叶、分蘖、拔节、孕穗、抽穗、开花、灌浆及成熟。冬小麦还有越冬和返青。

1. 根

小麦的根为须根系,由初生根和次生根组成。初生根一般为 5 条,少则 3 条,条件适宜时可达 1 条,初生根入土较深,可以长期存活,并具有吸收功能。次生根在三叶期后从分蘖节上长出。正常的分蘖也长出自己的次生根。低温条件下根的生长可超过茎、蘖的生长;在温度升高时,情况则相反。根系的数量和分布受土壤、水分、通气和施肥等情况的影响,通常主要分布于 50cm 以内的土层中,一般在 20cm 土层内占全部根量的 70%~80%。冬小麦根系的总量常大于春小麦。

2. 茎

小麦的茎的节数为 7~14 节,分为地上节和地下节。小麦的茎节早在幼穗分化的单棱期前,就伴随着最后 4~6 片叶原基的分化而形成。

小麦的茎在苗期并不伸长,各节紧密相连。当光照阶段结束时,茎基部节间开始伸长。当茎伸长达到 3~4cm,第一节间伸出地面 1.5~2.0cm 时,称为拔节。茎呈圆筒形,由节与节间组成。茎节坚硬而充实,多数品种节间中空,但也有实心的品种。冬小麦一个主茎上有 12~16 个节,但只有上部 4~6 个节间伸长;春小麦有 7~12 个节,绝大多数为 4 个节间伸长。茎的基部节间短而坚韧,从下而上逐节加长,最上部 1 个节间最长。茎是植株运输水分和营养物质的主要器官。同化产物由茎输送,也可在茎中贮存。同时,茎又是支持器官。茎成熟时呈黄色,也有少数呈紫色的。

3.叶

小麦的叶分为叶片和叶鞘,在叶鞘与叶片相连处有一叶舌,其两旁有一对叶耳。叶鞘紧包节间,有保护和加固茎秆作用。冬小麦一生主茎有 12~16 片叶,春小麦 7~12 片叶,因品种和地区栽培条件而不同。叶片光合能力的强度,除与品种特性有关外,还受光照强度、空气中 CO_2 浓度、水分和矿质营养的影响。

4.分蘖

小麦分蘖从基部分蘖节上长出,与叶片出生有一定的同伸关系。在正常情况下,当主茎第四叶伸出后,同时从第一叶腋中长出第一分蘖;当主茎第五叶伸出后,第二叶腋中长出第二分蘖,当每个分蘖长出 3 个以上叶片时,在分蘖上又能长出二级分蘖,条件适宜时还可长出三级以上的分蘖。麦苗分蘖的多少,决定于生长条件和品种特性,在大田生产条件下每株平均滋生 2~3 个分蘖。分蘖生长的适宜温度为 12℃~16℃,低于 8℃~10℃高于 25℃时,分蘖生长缓慢;低于 2℃~3℃或高于 30℃时,则停止分蘖。适期播种的小麦,出苗后 15~20d 开始分蘖,至拔节前分蘖数达到最高峰。拔节前后,植株由营养生长转入生殖生长,有效分蘖基本稳定下来。一般早生的分蘖能长出麦穗,晚生分蘖往往无效。分蘖成穗多少,决定于品种特性、环境条件和栽培条件,一般大田成穗率为 25%~40%,单株成穗数在 1.2 左右。冬小麦的分蘖数和成穗数多于春小麦。

5.穗

小麦的穗为复穗状花序(图 2-1)。麦苗在生长锥伸长时,就开始分化幼穗,进而逐步分化发育出小穗、小花、雄蕊、雌蕊、花粉粒,最后抽出发育完全的麦穗。麦穗的形状、长宽和小穗排列的松紧度,因品种而异,可分为纺锤、长方、棍棒和椭圆等形状。麦穗由许多节片组成穗轴,穗轴的每个节片上着生 1 个小穗。每个小穗有 1 个小穗轴、2 片护颖和 2~9 朵小花。正常发育的小花有外颖(稃)、内颖(稃)各 2 个、3 个雄蕊和 1 个雌蕊,花内还有 2 个鳞片。外颖顶端可伸长成芒,有长芒、短芒、顶芒、曲芒、无芒之分。穗形、颖壳色、粒色和芒(有无、长短),常作为识别品种的标志。小麦是自花授粉作物,一般自然异交率很低,不到1%。开花授粉后,受精的子房发育成长为颖果,俗称种子。

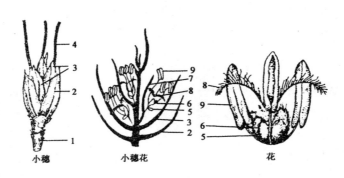

图 2-1　小麦花器构造示意图

1.穗轴　2.护颖　3.外颖　4.芒　5.鳞片　6.子房　7.内颖　8.柱头　9.花药

6.果实(种子)

小麦的籽粒为颖果。顶端有茸毛,称冠毛。其腹面有沟,称腹沟,腹沟深浅与出粉率有关。种子由皮层、胚乳和胚 3 部分组成。皮层是保护组织,占种子重量的5%~8%,包括果皮和种皮;种皮又分内外层,其中内皮层含有色物质,使籽粒显出不同颜色,有红、白或琥珀色之分。胚乳占种子重量的90%~93%,提供种子发芽和幼苗初期生长所需的养分。胚乳中大部分为淀粉,小部分为含氮物质和纤维素。胚乳的最外面为糊粉层,里面包着淀粉胚乳。磨粉时,淀粉胚乳是面粉的主要组成部分,麦麸主要是糊粉层及其外边的皮层。胚是由胚根、胚轴、胚芽和盾片组成,约占种子重量的2%。胚芽外边包着胚芽鞘,里面有生长点、叶原始体及腋芽。发芽后,胚芽鞘破土出苗,长成幼苗。通过休眠期的种子,在一定水分、温度和空气条件下开始发芽,发芽的最适温度为 15℃ ~ 20℃,最适含水量为种子干重的35%~45%。

(二)小麦常规种子生产技术

小麦常规种子生产技术主要包括小麦的原种生产技术和大田用种生产技术。

1. 小麦原种生产技术

我国小麦原种生产技术操作规程(GB/T 17317—2011)规定了小麦原种生产采用三圃制、二圃制、用育种家种子直接生产原种(一圃制)、株系循环(保种圃)法生产原种。如果一个品种在生产上利用的时间较长,品种的各种优良性状有不同程度的变异,或退化或机械混杂较重,而且又没有新品种代替时,可用三年三圃制法生产原种。如果一个品种在生产上种植的时间较短,混杂不严重时,或新品种开始投入生产时,性状尚有分离需要提纯,可采用两年两圃制生产原种。对遗传性稳定的推广品种和经审定通过的新品种,可采用一圃制生产原种。此外,有株系循环法等原种生产方法。

(1)三圃制　是指株(穗)行圃、株(穗)系圃、原种圃

用这种方法生产原种通常需要三年,所以也称"三年三圃制"。如选单株时设选择圃,就需要四年时间。三圃制生产原种的基本技术程序是"单株(穗)选择、分系比较鉴定、混系繁殖"。经典的三圃制技术操作规程相当繁杂,广大种子工作者根据实践对其技术环节进行了简化,主要是在"分系比较阶段",省略了分系测产,将与对照区比产定取舍,改为以田间目测决定汰留。具体方法如下。

【操作技术2-2-1】单株(穗)选择

要注意以下五方面。

①材料来源。来源于本地或外地的原种圃、决选的株(穗)系圃、种子田,也可专门设置选择圃,进行稀条播种植,以供选择。

②单株(穗)选择的重点。单株(穗)选择的重点是生育期、株型、穗型、抗逆性等主要农艺性状,并具备原品种的典型性和丰产性。株选要分两个时期进行:一是抽穗到灌浆阶段根据株型、株高、抗病性和抽穗期等进行初选,并做好标记;二是成熟阶段对初选的单株再根据穗部性状、抗病性、抗逆性和成熟期等进行复选。如采用穗选,则在成熟阶段根据上述综合性状进行一次选择即可。

③选择数量。选择单株(穗)的数量应根据所建株行圃的面积而定。冬麦区一般每公顷需4500个株行或15000个单穗,春麦区的选择数量可适当增多。田间初选时应考虑到复选、决选和其他损失,适当留有余地。

④选择单株(穗)的收获。将入选单株连根拔起,每 10 株扎成一捆,如果是穗选,将中选的单穗摘下,穗下留 15~20cm 的茎秆,每 50 穗扎成一捆。每捆系上 2 个标签,注明品种名称。

⑤室内决选。室内对入选的单株(穗)进行决选,重点考察穗型、芒型、护颖颜色和形状、粒型、粒色、粒质等项目,保留各性状均与原品种相符的典型单株(穗),分别脱粒、编号、装袋保存。

【操作技术 2-2-2】株(穗)行圃

要注意以下四方面。

①田间种植方法。将上年当选的单株(穗)按统一编号种植。株(穗)行圃一般采用顺序排列,单粒点播或稀条播。单株播 4 行区,单穗播 1 行区,行长 2m,行距 20~30cm,株距 3~5cm 或 5~10cm,按行长划排,排间及四周留 50~60cm 的田间走道。每隔 9 个或 19 个株(穗)行设一对照,周围设保护行和 25m 以上的隔离区。对照和保护行均采用同一品种的原种。播前绘制好田间种植图,按图种植,编号插牌,严防错乱。

②田间鉴定选择。在整个生育期间要固定专人,按规定的标准统一做好田间鉴定和选择工作。生育期间在幼苗阶段、抽穗阶段、成熟阶段分别与对照进行鉴定选择,并做标记(表 2-1)。

表 2-1　小麦株(穗)行鉴定时期和依据性状

幼苗阶段	抽穗阶段	成熟阶段
幼苗生长习性、叶色、生长势、整齐度、抗病性、耐寒性等	株型、叶型、抗病性、抽穗期、各株行的典型性和一致性	株高、穗部性状、芒长、整齐度、抗病性、抗倒伏性、落黄性和成熟期等。对不同的时期发生的病虫害、倒伏等要记明程度和原因

③田间收获。收获前综合评价,选符合原品种典型性的株(穗)行分别收获、打捆、挂牌,标明株行号。

④室内决选。室内进一步考察粒型、粒色、籽粒饱满度和粒质,符合原品种典

型性的分别称重,作为决定取舍的参考,最终决选的株(穗)行分别装袋、保管,严防机械混杂。

【操作技术2-2-3】株(穗)系圃

要注意以下四方面。

①田间种植方法。上年当选的株(穗)行种子,按株(穗)行分别种植,建立株(穗)系圃。每个株(穗)行的种子播一小区,小区长宽比例以1:(3~5)为宜,面积和行数依种子量而定。播种方法采用等播量、等行距稀条播,每隔9区设一对照。其他要求同株(穗)行圃。

②田间鉴定方法。田间管理、观察记载、收获与株(穗)行圃相同,但应从严掌握。典型性状符合要求的株(穗)系,杂株率不超过0.1%时,拔除杂株后可以入选。当选的株(穗)系分区核产,产量不应低于邻近对照。

③收获。入选株(穗)系分别取样考种,考察项目同株(穗)行圃,最后当选株(穗)系可以混合脱粒。

【操作技术2-2-4】原种圃

将上年混合脱粒的种子稀播种植,即为原种圃。一般行距20~25cm,播量60~70kg/hm²,以扩大繁殖系数。在抽穗阶段和成熟阶段分别进行纯度鉴定,并且进行2~3次去杂去劣工作,严格拔除杂株、劣株,并带出田外。同时,严防生物学混杂和机械混杂。原种圃当年收获的种子即为原种。

(2)二圃制是把株(穗)行圃中当选的株(穗)行种子混合,进入原种圃生产原种。二圃制简单易行,节省时间,对于种源纯度较高的品种,可以采用二圃制生产原种。

(3)一圃制即育种家种子直接生产原种

将育种家种子通过精量点播的方法播于原种圃,进行扩大繁殖。一圃制是快速生产原种的方法,其生产程序可以概括为单粒点播、分株鉴定、整株去杂、混合收获。具体措施是:选择土壤肥沃、地力均匀、排灌方便、栽培条件好的田块;精细整地,施足底肥,防治地下害虫;可使用点播机点播,播种量60kg/hm²;适时早播,足墒下种;加强田间水肥管理,单产可达6750kg/hm²左右。在幼苗阶段、抽穗阶段和成熟阶段根据本品种的典型特征特性进行分株鉴定和整株去杂,最后混合收入的种子即为原种。

(4)株系循环法株系循环法也称保种圃法

该方法的核心工作是建立保种圃之后可以一直保持原种的质量,并且不需要年年大量选单株和考种。具体步骤如下。

【操作技术 2-2-5】单株选择

以育种单位提供的原种作为单株选择的基础材料,建立单株选择圃。单株选择的方法与三圃制相同,选择单株的数量应根据保种圃的面积、株行鉴定淘汰的比率和保种圃中每个系的种植数量来确定。一般每个品种的决选株数应不少于150 株,初选株数应是所需株数的 2 倍左右。

【操作技术 2-2-6】株行鉴定

田间种植方法和观察记载与三圃制相同。选择符合品种典型性、整齐一致的株行。一般淘汰 20%,保留约 120 个株行,在每个当选的株行中,选择 5~10 个典型单株混合脱粒,这样得到的群体比原来的株行大,比三圃制的株系小,所以也称为大株行或小株系。各系分别收获、编号和保存。

【操作技术 2-2-7】株系鉴定,建立保种圃

将上年当选的各系种子分别种植,即为保种圃。根据保种圃的面积确定每个系的种植株数。在生育期间进行多次观察记载,淘汰典型性不符合要求或杂株率较高的系,并对入选系进行严格的去杂去劣。从每个入选的系中选择 5~10 个典型单株分系混合脱粒,作为下年保种圃用种,其余植株混收混脱,得到的种子称为核心种子,作为下年基础种子田用种。保种圃建成以后照此循环,即可每年从中得到各系的种子和核心种子,不再需要进行单株选择和室内考种。

【操作技术 2-2-8】建立基础种子田

将上年的核心种子进行扩大繁殖,即为基础种子田。基础种子田应安排在保种圃的周围,四周种植同一品种的原种生产田。基础种子田应选择生产条件较好的地块集中种植,并采用高产栽培技术,在整个生育期间进行严格的去杂去劣,收获的种子即为基础种子。作为下年原种田用种。

【操作技术 2-2-9】建立原种田

将基础种子在隔离条件下集中连片种植,即为原种生产田。原种田的选择、栽培管理、去杂去劣与基础种子田相同,收获的种子即为原种。

2. 小麦大田用种生产技术

上述方法生产出的小麦原种,一般数量都很有限,不能直接满足大田用种需要,必须进一步扩大繁殖,生产小麦大田用种,具体步骤如下。

【操作技术 2-2-10】种子田的选择和面积

种子田应选择土壤肥沃、地势平坦、土质良好、排灌方便、地力均匀的地块,并合理规划,同一品种尽量连片种植,忌施麦秸肥,避免造成混杂;种子田的面积应根据小麦种子的计划生产量来确定。

【操作技术 2-2-11】种子田的栽培管理

应注意以下几个方面。

①种子准备。搞好种子精选、晒种和药剂处理工作。

②严把播种关。精细整地,合理施肥,适时播种,确保苗全、苗齐、苗匀、苗壮。更换不同品种时要严格防止机械混杂。

③加强田间管理。根据小麦生长情况合理施用肥水,加强病虫害的防治。

④严格去杂去劣。在种子田,将非本品种或异型株去除称为去杂,将生长发育不正常或遭受病虫危害的植株去除称为去劣。在整个生育期间,应多次进行田间检查,严格进行去杂去劣,确保种子的纯度。

⑤严防机械混杂。小麦种子生产中最主要的问题就是机械混杂,因此从播种至收获、脱粒、运输、加工、贮藏的任何一个环节都需认真,严防机械混杂。

⑥安全贮藏。小麦种子贮藏时种子含水量应控制在 13%以下,种温应不超过 25℃。

(三)小麦杂交种种子生产技术

1. 三系法

由于小麦是自花授粉作物,花器小,繁殖系数又低,人工去雄制得杂交种的成本太高,这种方法不适宜。

(1)分期播种法

西北农林科技大学研究成功一种小麦杂交种子生产技术。利用小麦雄性不育系和恢复系生产小麦杂交种子,一般采用不育系:恢复系＝24∶12 比例相间种植,在气候条件较好、花期相遇良好的状况下,产量可达 200～300kg/667m^2 杂交种子。由于小麦花粉量小,花粉质量较重而随风传播距离相对较近,在上述制种方式下,要进一步提高制种产量以提高制种效益降低种子成本显得十分困难。此方法父母本分别播种,分别收获,对于小麦这样的大群体小株作物也不是十分简便。

(2)混合播种法

探索一种适合小麦生产特点的杂交小麦种子生产的简便方法,是杂交小麦大面积应用的又一关键。经多次试验研究,现已形成了一种简便的杂交小麦种子生产方法。其技术核心是:将不育系和恢复系种子按一定比例混合均匀,一次播种。在父本和母本株高差异不超过 15cm 时,混合收获,作为生产种子。这种小麦杂交群体中,杂交种占了大多数,父本株高和杂交种株高差异不明显。群体外观整齐度无明显影响,强优势组合的父本一般有较高的生产力,对杂交小麦的优势降低轻微,却大大降低了生产成本。父母本株高差异大于 15cm 时,则在授粉结束后,人工割除父本穗层,收获母本生产的杂交种子。本方法的积极作用是:其一,它减少了父母本距离,提高了异交结实率,提高了制种产量。此方法可将父母本距离由180cm 减低至 15cm,异交结实率提高 30%～40%。在割除父本的条件下,每 667m^2 产杂交小麦种子 350～400kg。其二,它去除父母本分别播种收获作业,简便易行。其三,它操作简便,产量提高,杂交小麦种子的成本比一般方法下降 40%～50%,有利于市场推广。

2. 两系法

西北农业大学何蓓如教授从 20 世纪 70 年代就开始研究小麦杂交种子生产技术,为解决 T 型小麦雄性不育系的恢复源少、恢复度低、种子皱缩的缺陷,1981 年起研究 K 型不育系,1987 年完成三系配套。并且在三系配套基础上,不断扩大不育系资源,筛选出一批抗病不育系。并对 K 型不育系的细胞质效应、雄配子败育、育性恢复遗传等基本遗传问题进行了系统研究。近年来利用染色体工程方法选育非 1B/1R 类型的 K 型小麦不育系取得突破，可以使任意小麦品种改造成 K 型不育系，这对解决 K 型不育系、保持系资源渐少等问题有重要意义。近年来已成功创立小麦温敏不育系的选育方法，选育出的小麦温敏不育系经南繁北育后成为两系法小麦种子生产方法。

二、水稻种子生产技术

水稻种子生产技术主要包括水稻常规种子生产技术和水稻杂交种种子生产技术。

(一)水稻种子生产生物学特性

水稻生育期分为幼苗期、分蘖期、穗分化期、结实期。水稻植株由根、茎、叶、穗组成。

1. 根

水稻的根系由种子根(胚根)和不定根(节根、冠根)组成。种子根一条，垂直向下生长，胚轴上可生根，属不定根。

2. 茎

水稻的茎是中轴，根、分蘖、叶及穗着生在中轴上，茎分为节与节间。水稻的茎由节和节间组成，节间分伸长节间和未伸长节间，前者位于地上部，约占全部节间的 1/3，后者位于地面下，各节间集缩成约 2cm 的地下茎，是分蘖发生的部位，称为蘖节。水稻分蘖适宜气温为 30℃~32℃，水温 32℃~34℃。

3. 叶

水稻的叶分为三种，即胚芽鞘和分蘖鞘，又称前出叶，是叶的变形，无叶绿素；不完全叶，有叶绿素，无叶片，是第一真叶；完全叶，具叶片、叶鞘、叶耳、叶舌。

4. 穗

水稻的穗为复总状花序或圆锥花序(图 2-2)，由穗轴(主梗)、一次(一级)枝梗、二次(二级)枝梗、小穗梗和小穗(颖花)组成。穗轴由穗节组成，穗茎节位于基部,一次枝梗着生在各穗节上。水稻的颖花实际上是小穗,从植物学上看,小穗有3朵小花,其中2朵退化,各留下外稃,即一般称的护颖(颖片),小穗基部的两个小突起是退化的颖片,称为副护颖,留下的花是可孕的,有外稃、内稃,6个雄蕊,1个雌蕊,2个浆片,这就是将来成为稻谷(种子)的颖花。开花最适宜温度为30℃~35℃,最低15℃,最高50℃。开花适宜湿度为70%~80%。

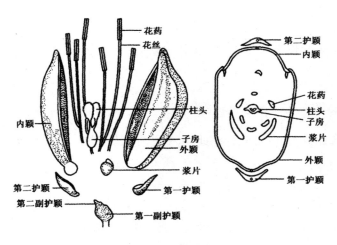

图 2-2　水稻花器构造示意图

5. 果实(种子)

水稻的种子(稻谷)是由小穗发育而来的,真正的种子是由受精子房发育成的具有繁殖力的果实(颖果),外面包被的部分为谷壳。

(二)水稻常规种子生产技术

水稻常规种子生产技术主要包括水稻原种生产技术和水稻大田用种生产技术。

1. 水稻原种生产技术

水稻是自花授粉植物,原种生产程序与小麦大致相同。根据我国水稻原种生产技术操作规程(GB/T 17316—2011)规定:水稻原种生产可采用三圃制、两圃制,或采用育种家种子直接繁殖原种。还可采用株系循环法生产原种。

（1）三圃制

是指株（穗）行圃、株（穗）系圃、原种圃。其具体的生产技术规程如下。

【操作技术 2-2-12】单株（穗）选择

①选择来源。在原种圃、种子田或大田设置的选择圃中进行，一般应以原种圃为主。

②选择时期与标准。在抽穗期进行初选，做好标记。成熟期逐株复选，当选单株的"三性""四型""五色""一期"必须符合原品种的特征特性。所谓"三性"即典型性、一致性、丰产性；"四型"即株型、叶型、穗型、粒型；"五色"即叶色、叶鞘色、颖色、稃尖色、芒色；"一期"即生育期。根据品种的特征特性，在典型性状表现最明显的时期进行单株（穗）选择。

③选择数量。选株的数量依据株行面积而定，田间初选数应比决选数增加一倍，以便室内进一步选择。一般每公顷株行圃需 4500 个株行或 12000 个穗行。

④入选单株的收获。将入选单株连根拔起，每 10 株扎成一捆，如果穗选，将中选单穗摘下，每 50 穗扎成一捆。每捆系上 2 个标签，注明品种名称。

⑤室内决选。田间当选的单株收获后，及时干燥挂藏，严防鼠、雀危害。根据原品种的穗部主要特征特性，在室内结合目测剔除不合格单株，再逐株考种。考种项目包括株高、穗粒数、结实率、千粒重、单株粒重，并计算株高和穗粒重的平均数，当选单株的株高应在平均数±1cm 范围内，穗粒重不低于平均数，然后按单株粒重择优选留。当选单株分别编号、脱粒、装袋、复晒、收藏。

【操作技术 2-2-13】建立株（穗）行圃

将上一年当选的各单株种子，按编号分区种植，建立株行圃。但应注意以下四个方面。

①育秧。秧田采用当地育秧方式，一个单株播一个小区（对照种子用上年原种分区播种），各小区面积和播种量要求一致，所有单株种子（包括对照种子）的浸种、催芽、播种均须分别在同一天完成。播种时严防混杂，秧田的各项田间管理措施要一致，并在同一天完成。

②本田。移栽前先绘制本田田间种植图。拔秧移栽时，一个单株的秧苗扎一

个标牌,随秧运到本田,按田间种植图栽插。每个单株插一个小区,单本栽插,按编号顺序排列,并插牌标记,各小区须在同一天栽插。小区长宽比以 3 ∶ 1 为好,各小区面积、栽插密度要一致,小区间应留走道,每隔 9 个株行设一对照区,株行圃四周要设不少于 3 行的保护行,并采取隔离措施。空间隔离距离不少于 20m,时间隔离扬花期要错开 15d 以上。生长期间本田的各项田间管理措施要一致,并在同一天完成。

③田间鉴定与选择。在整个生育期间要固定专人,按规定的标准统一做好田间鉴定和选择工作。田间观察记载应固定专人负责,并定点、定株,做到及时准确。发现有变异单株和长势低劣的株行、单株,应随时做好淘汰标记。根据各期的观察记载资料,在收获前进行综合评定。当选株行必须具备原品种的典型性、株行间的一致性,综合丰产性较好,穗型整齐度高,穗粒数不低于对照。齐穗期、成熟期与对照相比在±1d 范围内,株高与对照平均数相比在±1cm 范围内。

④收获。当选株行确定后,将保护行、对照小区及淘汰株行区先行收割,然后,逐一对当选株行区复核。脱粒前,须将脱粒场地、机械、用具等清理干净,严防混杂。各行区种子要单脱、单晒、单藏,挂上标签,严防鼠、虫等危害及霉变。

【操作技术 2-2-14】建立株(穗)系圃

将上年当选的各株行的种子分区种植,建立株系圃。各株系区的面积、栽插密度均须一致,并采用单本栽插,每隔 9 个株系区设一个对照区,其他要求、田间观察记载项目和田间鉴定与选择同株行圃。当选株系须具备本品种的典型性、株系间的一致性,整齐度高,丰产性好。各当选株系混合收割、脱粒、收贮。

【操作技术 2-2-15】建立原种圃

上年入选株系的混合种子扩大繁殖,建立原种圃。原种圃要集中连片,隔离安全,土壤肥沃,采用先进的栽培管理措施,单粒稀植,充分发挥单株生产力,以提高繁殖系数。同时在各生育阶段进行观察,在苗期、花期、成熟期根据品种的典型性严格拔除杂、劣、病株,并要带出田外,成熟后及时收获,要单独收获、运输、晾晒、脱粒,严防机械混杂。原种圃收获的种子即为原种。

(2)两圃制是把株行圃中当选的株行种子混合,进入原种圃生产原种。对于种源纯度较高的品种,可以采用两圃制来生产原种。

2. 水稻大田用种生产技术

水稻大田用种生产技术的程序如下。

(1)种子田的选择和面积　用作水稻大田用种生产田的地块应具有良好的稻作自然条件和保证种子纯度的隔离条件。即种子田应具备土壤肥沃、耕作性能好、排灌方便、旱涝保收、光照充足、无检疫性水稻病虫害、不受畜禽危害。其次大田用种生产田还需交通便利,群众文化素质高等。另外,每年在种子田中选择典型优良单株(穗),混合脱粒,作为下一年种子田用种,种子田经去杂去劣后,混合收获、脱粒做下一年生产田用种;种子田的面积是由大田播种面积、每公顷播种量和种子田每公顷产种量3个因素确定。一般情况下,水稻种子田面积占大田播种面积的3%~5%,为保证供种数量,种子田应按估计数字再留有余地。

(2)种子田的管理　应注意以下几个方面。

①提高繁殖系数。播种要适时适量,单粒稀播,水稻适龄移栽,单本插植,适当放宽株行距,以提高繁殖系数。

②除杂去劣。每隔若干行留工作道,以便田间农事操作及除杂去劣。

③合理施肥。以农家肥为主,早施追肥,氮、磷、钾合理搭配,严防因施肥不当而引起倒伏和水稻病虫的大量发生。

④搞好田间管理。及时中耕除草,防治病虫害,水稻灌溉要掌握勤灌浅灌,后期保持湿润为度。

⑤适时收割。防止落粒或种子在植株上发芽。分收、分脱、分晒、分藏。

(三)杂交稻种子生产技术

水稻是自花授粉作物,花器小而繁殖系数低,人工去雄配制杂种一代成本高而困难。我国自1973年实现籼型野败"三系"配套以后,各地对杂交水稻的种子生产进行了广泛而深入的研究。在30多年的研究与实践中,创造和积累了极其丰富的理论和经验,形成了一套较为完整的杂交水稻制种技术体系,制种产量逐步提高。由1973年杂交水稻制种产量仅90kg/hm^2,到1982年高产典型单产突破了

$6000kg/hm^2$。制种产量的提高,保障了杂交水稻生产用种数量,促进了杂交水稻快速稳定发展。由于杂交水稻是利用杂交第一代(F_1)杂种优势生产,因此,必须年年制种才能保障大田生产用种。

1. 三系杂交水稻制种技术

三系杂交水稻制种是以雄性不育系作母本,雄性不育系的恢复系作父本,按照一定的行比相间种植,使双亲花期相遇,不育系接受恢复系的花粉而受精结实,生产杂交种子。在整个生产过程中,技术性强,操作严格,一切技术措施都是为了提高母本的异交结实率。制种产量高低和种子质量的好坏,直接关系到杂交水稻的生产与发展。实践证明,杂交水稻制种要获得高产优质,必须抓好以下关键技术。

【操作技术 2-2-16】制种条件的选择

杂交水稻制种技术性强,投入高,风险性较大,在制种基地选择上应考虑其具有良好的稻作自然条件和保证种子纯度的隔离条件。

①自然条件。首先要求土壤肥沃,耕作性能好,排灌方便,旱涝保收,光照充足,田地较集中连片,无检疫性水稻病虫害。其次,耕作制度、交通条件、经济条件和群众的科技文化素质也应作为制种基地选择的条件。早、中熟组合的春季制种宜选择在双季稻区,迟熟组合的夏季制种宜选择在一季稻区。

②安全隔离。杂交水稻制种是靠异花授粉获得种子。因此,为获得高纯度的杂交种子,除了采用高纯度的亲本外,还要做到安全隔离,防止其他品种串粉。具体隔离方法如下。

a. 空间隔离。一般山区、丘陵地区制种田隔离的距离要求在 50m 以上,平原地区制种田要求至少在 100m 以上。

b. 时间隔离。利用时间隔离,与制种田四周其他水稻品种的抽穗扬花期错开时间应在 20d 以上。

c. 父本隔离。即将制种田四周隔离区范围内的田块都种植与制种田父本相同的品种,这样既起到隔离作用,又增加了父本花粉的来源。但用此法隔离,父本种子必须纯度高,以防父本田的杂株串粉。

d. 屏障隔离。障碍物的高度应在 2m 以上,距离不少于 30m。

为了隔离的安全保险,生产上往往因地因时将几种方法综合运用,用得最多、效果最好的是空间、时间双隔离,即制种田四周 100m 范围内不能种有与父母本同期抽穗扬花的其他水稻品种,两者头花、末花时间至少要错开 20d 以上,方能避免串粉,保证安全。

③安全抽穗扬花期的确定。安全抽穗扬花期是指制种田抽穗开花期的气候条件有利于异交结实,同时也考虑隔离是否方便。抽穗扬花期的确定应该选择有利于异交结实的天气条件,使父本有更多的颖外散粉,花粉能顺利传播到母本柱头上,保证花粉与柱头具有较长时间的生活力,以及母本较高的午前花率等。

杂交水稻制种亲本安全抽穗扬花期的天气条件如下。

a. 花期内无连续 3d 以上的阴雨。

b. 最高气温不超过 35℃,最低气温不低于 21℃,日平均气温 23℃ ~30℃,开花时穗部温度为 28℃ ~32℃,昼夜温差为 8℃ ~9℃。

c. 田间相对湿度为 70% ~90%。

d. 阳光充足且吹微风,因此各地应根据不育系(母本)对温、光、湿等因素的要求,可通过对当地历年各制种季节内气象资料的分析,合理确定最佳的安全抽穗扬花期。

e. 适宜抽穗扬花期。一般来说,在长江以南双季稻区适宜的抽穗扬花期为:春季制种 5 月中下旬至 6 月中下旬,夏季制种 1 月下旬至 8 月中旬,秋季制种 8 月下旬至 9 月上旬。在长江以北及四川盆地的稻麦区和北方粳稻区,只宜进行一年一季的夏、秋季制种,抽穗扬花期安排在 8 月中下旬。华南双季稻区春、秋两季均可安排制种,但要注意安排春季制种抽穗扬花期在 5 月下旬至 6 月上旬,以避过台风、雨季;秋季制种抽穗扬花期在 8 月下旬至 9 月上旬。海南岛南部以 3 月下旬至 4 月中旬为开花的良好季节。

【操作技术 2-2-17】确保父母本花期相遇

①花期相遇。当前,我国杂交水稻制种所用野败型不育系大多从我国长江中、下游的早稻品种中转育而成,生育期短,而所用的恢复系都是来自东南品种或由它们转育而来的品种,大多数生育期长,两者生育期相差较大。因此,只能通过调节

父母本的播种时间,使生育期不同的父母本花期相遇,这是制种成败的关键。

在制种的实际操作过程中,花期相遇的程度常常以父母本始穗期的早迟来确定。通常分为 3 种类型,具体见表 2-2。

表 2-2　花期相遇程度与父母本始穗期

理想花期相遇	花期基本相遇	花期不遇
双亲"头花不空,盛花相逢,尾花不丢",其关键是盛花期完全相遇,制种产量高	父本或母本的始穗期比理想花期早或迟 3～5d,父母本的盛花期只有部分相遇,制种产量受到影响	父本或母本的始穗期比理想花期早或迟 5d 以上,父母本的盛花期完全不能相遇,花期不遇的制种产量极低甚至失败

②保证父母本花期相遇的措施。

a. 父母本播期差期的确定。由于父母本生育期差异,制种时父母本不能同时播种。两亲本播期的差异称为播差期。播差期根据两个亲本的生育期特性和理想花期相遇的标准确定。不同的组合由于亲本的差异,播差期不同。即使是同一组合在不同地域制种,播差期也有差异。要确定一个组合适宜的播差期,首先必须对该组合的亲本进行分期播种试验,了解亲本的生育期和生育特性的变化规律,在此基础上,可采用时差法(又叫生育期法)、叶(龄)差法、(积)温差法确定播差期。

时差法:亦称生育期法,是根据亲本历年分期播种或制种的生育期资料,推算出能达到理想花期父母本相遇的播种期。其计算公式:

$$播种差期 = 父本始穗天数 - 母本始穗天数$$

例如,配制油优 63(珍汕 97A×明恢 63),父本明恢 63 始穗天数为 106d,母本珍汕 97A 始穗天数为 65d,则播种差期为 41d,也就是说当明恢 63 播种后 41d 左右再播珍汕 97A,父母本花期可能相遇。

生育期法比较简单,容易掌握,较适宜于气温变化小的地区和季节(如夏、秋制种)应用,不适用于气温变化大的季节和地域制种。如在春季制种中,年际气温变化大,早播的父本常受气温的影响,播种至始穗期稳定性较差,而母本播种较迟,正值气温变化较小,播种至始穗期较稳定,应用此方法常常出现花期不遇。

叶差法:亦称叶龄差法,是以双亲主茎总叶片数及其不同生育期的出叶速度为依据推算播差期的方法。在理想的花期相遇的前提下,母本播种时的父本主茎叶龄数,称为叶龄差。不育系和恢复系在较正常的气候条件与栽培管理下,其主茎叶片数比较稳定。主茎叶片数的多少依生育期的长短而异。部分不育系和恢复系的主茎叶片数见表2-3。研究表明,父母本的总叶片数在不同地区的差数较小,而出叶速度因气温高低有所不同,造成叶龄差有所变化。如母本珍汕97A总叶片数为13叶左右,父本明恢63为18叶左右。而由于出叶速度不同,汕优63组合在南方播种的叶龄差为9叶左右,到长江流域为10叶左右,黄河以北地区则为10.8叶左右,才能达到理想的花期相遇。可见,虽地域跨度很大,但"叶龄差"相差不大。因此,该方法较适宜在春季气温变化较大的地区应用,其准确性也较好。

值得指出的是,父母本主茎叶片数差值并非制种的叶龄差,叶龄差必须通过田间分期播种实际观察和理论推算而获得。因此,采用叶龄差法,最重要的是要准确地观察记载父本(恢复系)的主茎叶龄。具体做法是:定点定株观察记载(10株以上),从主茎第一片真叶开始记载,每3d记载一次,以第一期父本为准,每次观察记载完毕,计算平均数,作为代表全田的叶龄。记载叶龄常采用简便的"三分法",其具体记载标准为:叶片现心叶未展开时记为0.2叶,叶片开展但未完全展开记为0.5叶,叶片全展未见下一叶时记为0.8叶。

表2-3　部分不育系和恢复系的主茎叶片数

不育系	主茎叶片数	恢复系	主茎叶片数
Ⅱ-32A	16(16~17)	IR26	18(17~19)
珍汕97A	13(13~14)	测64-7	16(15~17)
V20A	12.5(12~13)	26窄早	15(14~16)
优1A	12.5(12~13)	R402	15(14~16)
金23A	12(11~13)	明恢63	17(16~18)
协青早A	13(12~14)	密阳46	16(15~17)
D汕A	13(13~14)	1025	16(15~17)

叶差法对同一组合在同一地域、同一季节基本相同的栽培条件下,不同年份制种较为准确。同一组合在不同地域、不同季节制种叶差值有差异。特别是感温性、感光性强的亲本更是如此。威优46制种,在广西南宁春季制种,叶差为8.4叶,但夏季制种为6.6叶,秋季制种为6.2叶;在广西博白秋季制种时叶差为6.0叶。因此,叶差法的应用要因时因地而异。

温差法(有效积温差法):将双亲从播种到始穗期的有效积温的差值作为父母本播期差期安排的方法叫温差法。生育期主要是受温度影响,亲本在不同年份、不同季节种植,尽管生育期有差异,但其播种到始穗期的有效积温值相对固定。

应用温差法,首先必须计算出双亲的有效积温值。有效积温是日平均温度减去生物学下限温度的度数之和。籼稻生物学下限温度为12℃,粳稻为10℃。从播种次日至始穗日的逐日有效温度的累加值为播种至始穗期的有效积温。计算公式是:

$$A = \sum (T - L)$$

式中:A——某一生长阶段的有效积温(℃);

　　　T——日平均气温(℃);

　　　L——生物学下限温度(℃)。

有效积温差法因查找或记载气象资料较麻烦,因此,此法不常使用。但在保持稳定一致的栽培技术或最适的营养状态及基本相似的气候条件下,温差法较可靠,尤其对新组合、新基地,更换季节制种更合适。

以上3种确定制种父母本播差期的方法,在实际生产中,常常在时间表现上具有不一致性。有时叶差已到,而时差不足;有时时差到了,而叶差又未到;温差够了,但时差、叶差未到等等。因此,在实际应用上,应综合考虑,以一个方法为主,相互参考,相互校正。在不同季节、地域制种,由于温度条件变化的不同,对3种方法的侧重也不同。在长江流域双季稻区的春季制种,播种期早,前期与中期气温变化大,确定播差期时应以叶差与温差为主,时差做参考;夏、秋季制种,生育期间气温变化小,可以时差为主,叶差做参考。

b.母本播种期的确定。杂交水稻制种母本播种期主要由父本的播种期和播差期决定,在父本播种期的基础上加上播差期的具体天数,即为母本的大致播种期。即如叶差与时差吻合好,则按时差播神;如果时差未到,则以叶差为准;若时差到叶差未到,则稍等叶差。如果母本是隔年的陈种,则应推迟播种 2~3d,当年新种则应提早 2~3d 播种。如果父本秧苗素质好,应提早 1~2d 播母本;若父本秧苗素质差,长势、长相较差,则可推迟 1~2d 播母本,如果父本移栽时秧龄超长(35d 以上),母本播种期应推迟 3~5d。如果预计母本播种时或播种后有低温、阴雨天气,则应提早 1~2d 播种。如果母本的用种量多,种子质量好,可推迟 1~2d 播种。如果采用一期父本制种时,应比二期父本制种缩短叶差 0.5 叶,或时差 2~3d。

【操作技术 2-2-18】创造父母本同壮的高产群体结构

杂交水稻制种产量是由单位面积母本有效穗数、每穗粒数、粒重三要素构成。母本和父本的穗数是基础,基础打好了,才能进一步提高异交结实率和粒重。因此,要夺取制种高产,首先要做到"母本穗多,父本粉足",在此基础上,再力争提高异交结实率和粒重。主要措施有。

①培育适龄分蘖壮秧。

a.壮秧的标准。壮秧的标准一般是:生长健壮,叶片清秀,叶片厚实不披垂,基部扁薄,根白而粗,生长均匀一致,秧苗个体间差异小,秧龄适当,无病无虫。移栽时,母本秧苗达 4~5 叶,带 2~3 个分蘖;父本秧苗达到 6~7 叶,带 3~5 个分蘖。

b.培育壮秧的主要技术措施。确定适宜的播种量,做到稀播、匀播。一般父本采用一段育秧方式的,秧田父本播种量为 120kg/hm² 左右,母本为 150kg/hm² 左右;若父本采用两段育秧,苗床宜选在背风向阳的蔬菜地或板田,先旱育小苗,播种量为 1.5kg/m²,小苗 2.5 叶左右开始寄插,插前应施足底肥,寄插密度为 10cm×10cm 或 13.3cm×13.3cm,每穴寄插双苗,每公顷制种田需寄插父本 45000~60000 穴。同时加强肥水管理,推广应用多效唑或壮秧剂,注意病虫害防治等。

②采用适宜行比、令理密植。

a.确定适宜行比和行向。父本恢复系与母本不育系在同一田块按照一定的比例相间种植,父本种植行数与母本种植行数之比,即为行比。杂交水稻制种产量高低与母本群体大小及母本有效穗数有关,因此,扩大行比是增加母本有效穗数的重要方法之一。确定行比的原则是在保证父本有足够花粉量的前提下最大限度地增加母本行数。行比的确定主要考虑 3 个方面:第一,单行父本栽插,行比为 1∶(8~14);父本小双行栽插,行比为 2∶(10~16);父本大双行栽插,行比为 2∶(14~18)。第二,父本花粉量大的组合制种,则宜选择大行比;反之,应选择小行比。第三,母本异交能力高的组合可适当扩大行比;反之,则缩小行比。

制种田的行向对异交结实有一定的影响。行向的设计应有利于授粉期借助自然风力授粉及有利于禾苗生长发育。通常以东西行向种植为好,有利于父母本建立丰产苗穗结构。

b.合理密植。由于制种田要求父本有较长的抽穗开花历期、充足的花粉量,母本抽穗开花期较短、穗粒数多。因而,栽插时对父母本的要求不同,母本要求密植,栽插密度为 10cm×13.3cm 或 13.3cm×13.3cm,每穴三本或双本,每公顷插基本苗 8 万~12 万株;父本插 2 行,株行距为(16~20)cm×13.3cm,单本植,每公顷插基本苗 6 万~7.5 万株。早熟组合制种,母本每 667m² 插基本苗 12 万~16 万株,父本 4 万~6 万株。

③加强田间定向培育技术。

a.母本的定向培育。在水肥管理上坚持"前促、中控、后稳"的原则。肥料的施用要求前底、中控、后补,适氮、高磷、钾。对生育期短、分蘖力一般的早籼型不育系,氮、磷肥作底肥,在移栽前一次性施入,钾肥作追肥,在中期施用。对生育期较长的籼型或粳型不育系,则应以 70%~80% 的氮肥和 100% 的磷、钾肥作底肥,留 20%~30% 的氮肥在栽后 7d 左右追施,在幼穗分化后期看苗田适量补施氮、钾肥。在水分的管理上,要求前期(移栽后至分蘖盛期)浅水湿润促分蘖,中期晒田控制无效分蘖和叶片长度,后期深水孕穗养花、落干黄熟。同时做好病虫害防治工作,提高异交结实率和增加粒重。

b.父本的定向培育。由于父本(恢复系)本身的分蘖成穗特性、生育特性及穗数群体形成的特性决定了父本的需肥量比母本多。所以在保证父本和母本相同的底肥和追肥的基础上,父本必须在移栽后 3~5d 单独施肥。肥料用量依父本的生育期长短和分蘖成穗特性而定。其他水分管理和病虫害防治技术与母本相同。

【操作技术 2-2-19】做好花期预测与调节

①花期预测方法。所谓花期预测，是通过对父母本长势、长相、叶龄、出叶速度、幼穗分化进度进行调查分析，推测父母本抽穗开花的时期。制种田亲本的始穗期除受遗传因素影响外，往往还受气候、土壤、栽培等多种因素的影响，比预定的日期提早或推迟，影响父母本花期相遇。尤其是新组合、新基地的制种，播差期的安排与定向栽培技术对花期相遇的保障系数小，更易造成双亲花期不遇。因此，花期预测在杂交水稻制种中是非常重要的环节。制种时，必须算准播差期，及早采取相应的措施调节父母本的生育进程，确保花期相遇，提高制种产量。

花期预测的方法较多，不同的生育阶段可采用相应的方法。实践证明，比较适用而又可靠的方法有幼穗剥检法和叶龄余数法。

a.幼穗剥检法。幼穗剥检法就是在稻株进入幼穗分化期剥检主茎幼穗，对父母本幼穗分化进度对比分析，判断父母本能否同期始穗。这是最常用的花期预测方法，预测结果准确可靠。但是，预测时期较迟，只能在幼穗分化Ⅱ、Ⅲ期才能确定花期，一旦发现花期相遇不好，调节措施的效果有限。

具体做法是：制种田母本插秧后 25~30d 起，以主茎苗为剥检对象，每隔 3d 对不同组合、不同类型的田块选取有代表性的父本和母本各 10~20 株，剥开主茎，鉴别幼穗发育进度。父母本群体的幼穗分化阶段确定以 50%~60% 的苗达到某个分化时期为准。幼穗分化发育时期分八期，各期幼穗的形态特征为Ⅰ期看不见，Ⅱ期苞毛现，Ⅲ期毛茸茸，Ⅳ期谷粒现，Ⅴ期颖壳分，Ⅵ期谷半长（或叶枕平、叶全展），Ⅶ期稻苞现，Ⅷ期穗将伸。根据剥检的父母本幼穗分化结果和幼穗分化各个时期的历程，比较父母本发育快慢，预测花期能否相遇（表 2-4）。一般情况下，母本多为早熟品种，幼穗分化历程短，父本多为中晚熟品种，幼穗分化历程长。所以，父母本花期相遇的标准为：Ⅰ期至Ⅲ期父早一，Ⅳ期至Ⅵ期父母齐，Ⅶ期至Ⅷ期母略早。

表 2-4　水稻不育系与恢复系幼穗分化历期

| 系名 | | 幼穗分化历期 | | | | | | | | 播始历期 | 主茎叶片数 |
		I 第一节原基分化期	II 第一次枝梗原基分化期	III 第二次枝梗原基和小穗原基分化期	IV 雌雄蕊形成期	V 花粉母细胞形成期	VI 花粉母细胞减数分裂期	VII 花粉内容物充实期	VIII 花粉完熟期		
珍汕97A	分化期天数	2	3	4	5	3	2		9		
二九矮1号A	距始穗天数	28~27	26~24	24~20	19~15	14~12	11~10		—	0~75	12~14
IR26	分化期天数	2	3	4	7	3		7	2		
IR661 IR24	距始穗天数	30~29	28~26	25~22	21~15	14~12	11~10	9~3	2~0	0~110	15~18
明恢63	分化期天数	2	3	4	7	3		8	2	85~110	15~17
	距始穗天数	31~30	29~27	26~23	22~16	15~13	12~11	10~3	2~0		

b. 叶龄余数法。叶龄余数是主茎总叶片数减去当时叶龄的差数。制种田中父母本最后几片叶的出叶速度,由于生长后期的气温比较稳定,因此,不论春夏制种或秋季制种,出叶速度都表现出相对的稳定性。同时,叶龄余数与幼穗分化进度的关系比较稳定,受栽培条件、技术及温度的影响较小。根据这一规律,可用叶龄余数来预测花期。该方法预测结果准确,是制种常使用的方法之一。

具体方法是:用主茎总叶片数减去已经出现的叶片数,求得叶龄余数。用公式表示为:

叶龄余数=主茎总叶片数-伸出叶片数

从函数图像上找出对应子叶龄余数的父母本幼穗分化期数(图2-3)。

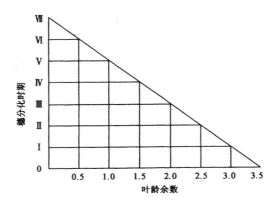

图 2-3　叶龄余数与穗分化时期的关系

使用叶龄余数法,首先应根据品种的总叶片数和已伸展叶片数判断新出叶是倒 4 叶还是倒 3 叶,然后确定叶龄余数;再根据叶龄余数判断父母本的幼穗分化进度,分析两者的对应关系,估计始穗时期。

②花期调节。花期调节是杂交水稻制种中特有的技术环节,是在花期预测的基础上,对花期不遇或者相遇程度差的制种田块,采取各种栽培管理措施或特殊的方法,促进或延缓父母本的生育进程,达到父母本花期相遇之目的。花期调节是花期相遇的补救措施,因此,不能把保证父母本花期相遇的希望寄托在花期调节上。至于父母本花期相差的程度如何,则由父母本理想花期相遇的始穗期标准决定。比父母本始穗期标准相差 3d 以上的应进行花期调节。

花期调节的原则是:以促为主,促控结合;以父本为主,父母本相结合。调节花期宜早不宜迟,以幼穗分化Ⅲ期前采用措施效果较好,因为毕竟是辅助性微调。主要措施有农艺措施调节法、激素调节法、拔苞拔穗法。

a.农艺措施调节法。采取各种栽培措施调控亲本的始穗期和开花期。

肥料调节法:根据水稻幼穗分化初期偏施氮肥会贪青迟熟而施用磷、钾肥能促进幼穗发育的原理,对发育快的亲本偏施尿素,母本为 105~150kg/hm^2,父本为 30~45kg/hm^2,可推迟亲本始穗 3~4d;对发育快的亲本叶面喷施磷酸二氢钾肥 1.5~2.5kg/hm^2,兑水 1350kg,连喷 3 次,可提早亲本始穗 1~2d。

水分调节法:根据父母本对水分的敏感性不同而采取的调节方法。籼型三系法生育期较长的恢复系,如 IR24、IR26、明恢 63 等对水分反应敏感,不育系对水分反应不敏感,在中期晒田,可控制父本生长速度,延迟抽穗。

密度(基本苗)调节法:在不同的栽培密度下,抽穗期与花期表现有差异。密植和多本移栽增加单位面积的基本苗数,表现抽穗期提早,群体抽穗整齐,花期集中,花期缩短。稀植和栽单本,单位面积的基本苗数减少,抽穗期推迟,群体抽穗分散,花期延长。一般可调节 3~4d。

秧龄调节法:秧龄的长短对始穗期影响较大,其作用大小与亲本的生育期和秧苗素质有关。IR26 秧龄 25d 比 40d 的始穗期可早 7d 左右,秧龄 30d 比 40d 的始穗期早 6d 左右。秧龄调节法对秧苗素质中等或较差的调节作用大,对秧苗素质好的调节效果较小。

中耕调节法:中耕并结合施用一定量的氮素肥料可以明显延迟始穗期和延长开花历期。对苗数多、早发的田块效果小,特别是对禾苗长势旺的田块中耕施肥效果不好,所以使用此法需看苗而定。在没能达到预期苗数、田间禾苗未封行时采用此法效果较好,对禾苗长势好的田块不宜采用。

b. 激素调节法。用于花期调节的激素主要有赤霉素、多效唑以及一些复合型激素。激素调节必须把握好激素施用的时间和用量,才有好的调节效果,否则不但无益,反而会造成对父母本高产群体的破坏和异交能力的降低。

赤霉素调节:赤霉素是杂交水稻制种不可以缺少的植物激素,具有促进生长的作用,可用于父母本的花期调节。在孕穗前低剂量施用赤霉素(母本 15~30g/hm²,父本 2.5g/hm² 左右),进行叶面喷施,可提早抽穗 2~3d。

多效唑调节:叶面喷施多效唑是幼穗分化中期调节花期效果较好的措施。在幼穗分化Ⅲ期末喷施多效唑能明显推迟抽穗,推迟的天数与用量有关。在幼穗Ⅲ至Ⅴ期喷施,用量为 1500~3000g/hm²,可推迟 1~3d 抽穗,且能矮化株型,缩短冠层叶片长度。但是,使用多效唑的制种田,在幼穗Ⅱ期要喷施 15g/hm² 赤霉素来解除多效唑的抑制作用。在秧田期、分蘖期施用多效唑也具有推迟抽穗、延长生育期的作用,可延迟 1~2d 抽穗。

其他复合型激素调节:该类物质大多数是用植物激素、营养元素、微量元素及其能量物质组成,主要有青鲜素、调花宝、花信灵等。在幼穗分化Ⅴ至Ⅶ期喷施,母本用45g/hm²左右,兑水600kg,或父本用15g/hm²,兑水300kg,叶面喷施,能提早2~3d见穗,且抽穗整齐,促进水稻花器的发育,使开花集中,花时提早,提高异交结实率。

c.拔苞拔穗法。即花期预测发现父母本始穗期相差5~10d可以在早亲本的幼穗分化Ⅶ期和见穗期采取拔苞穗的方法,促使早抽穗亲本的迟发分蘖成穗,从而推迟花期。拔苞(穗)应及时,以便使稻株的营养供应尽早地转移到迟发分蘖穗上,从而保证更多的迟发蘖成穗。被拔去的稻苞(穗)一般是比迟亲本的始穗期早5d以上的稻苞(穗),主要是主茎穗与第一次分蘖穗。若采用拔苞拔穗措施,必须在幼穗分化前期重施肥料,培育出较多的迟发分蘖。

【操作技术2-2-20】科学使用赤霉素

水稻雄性不育系在抽穗期植株体内的赤霉素含量水平明显低于雄性正常品种,穗颈节不能正常伸长,常出现抽穗卡颈现象。在抽穗前喷施赤霉素,提高植株体内赤霉素的含量,可以促进穗颈节伸长,从而减轻不育系包颈程度,加快抽穗速度,使父母本花期相对集中,提高异交结实率,还可增加种籽粒重。所以,赤霉素的施用已成为杂交水稻制种高产的最关键的技术。喷施赤霉素应掌握"适时、适量、适法"。具体技术要求如下:

①适时。赤霉素喷施的适宜时期在群体见穗1~2d至见穗50%,最佳喷施时期是见穗5%~10%。一天中的最适喷施时间在上午9:00前或下午4:00后,中午阳光强烈时不宜喷施;遇阴雨天气,可在全天任何时间抢晴喷施,喷施后3h内遇降雨,应补喷或下次喷施时增加用量。此外,确定喷施时期还应考虑以下因素:

a.父母本花期相遇程度。父母本花期相遇好,母本见穗5%~10%为最佳喷施时期;花期相遇不好,早抽穗的一方要等迟抽穗的一方达到起始喷施期(见穗前2~3d)后才可以喷施。

b.群体稻穗整齐度。母本群体抽穗整齐的田块,可在见穗5%~10%开始喷施;抽穗欠整齐的田块,要推迟到群体中大多数的稻穗达到见穗5%~10%时才可喷施。

②适量。

a.不同的不育系所需的赤霉素剂量不同。以染色体败育为主的粳型质核互作型不育系,抽穗几乎没有卡颈现象,喷施赤霉素为改良穗层结构,所需赤霉素的剂量较小,一般用 90~120g/hm²,以典败与无花粉型花粉败育的籼型质核互作型不育系,抽穗卡颈程度严重,穗粒外露率在 70% 左右,所需赤霉素的剂量大。对赤霉素反应敏感的不育系,如金 23A、新香 A,用量为 150~180g/hm²;对赤霉素反应不敏感的不育系,如 V20A、珍汕 97A 等,用量为 225~300g/hm²。

最佳用量的确定还应考虑如下情况:提早喷施时剂量减少,推迟喷施时剂量增加;苗穗多的应增加用量,苗穗少的减少用量;遇低温天气应增加剂量。

b.赤霉素的喷施次数一般分 2~3 次喷施,在 2~3d 内连续喷。抽穗整齐的田块喷施次数少,有 2 次即可;抽穗不整齐的田块喷施次数多,需喷施 3~4 次。喷施时期提早的应增加次数,推迟的则减少次数。分次喷施赤霉素时,其剂量是不同的,原则是"前轻、中重、后少",要根据不育系群体的抽穗动态决定。如分 2 次喷施,每次的用量比为 2∶8 或 3∶7;分 3 次喷施,每次的用量比为 2∶6∶2 或 2∶5∶3。

③适法。喷施赤霉素最好选择晴朗无风天气进行,要求田间有 6cm 左右的水层,喷雾器的喷头离穗层 30cm 左右,雾点要细,喷洒均匀。用背负式喷雾器喷施,兑水量为 180~300kg/hm²;用手持式电动喷雾器喷施,兑水量只需 22.5~30kg/hm²。

【操作技术 2-2-21】人工辅助授粉

水稻是典型的自花授粉作物,在长期的进化过程中,形成了适合自交的花器和开花习性。恢复系有典型的自交特征,而不育系丧失了自交功能,只能靠异花授粉结实。当然,自然风可以起到授粉作用,但自然风的风力、风向往往不能与父母本开花授粉的需求吻合,依靠自然风力授粉不能保障制种产量,因而杂交水稻制种必须进行人工辅助授粉。

①人工辅助授粉的方法。目前主要使用以下 3 种人工辅助授粉方法。

a.绳索拉粉法。此法是用一长绳(绳索直径约 0.5cm,表面光滑),由两人各持一端沿与行向垂直的方向拉绳奔跑,让绳索在父母本穗层上迅速滑过,振动穗层,使父本花粉向母本畦中飞散。该法的优点是速度快、效率高,能在父本散粉高峰时及时赶粉。但该法的缺点:一是对父本的振动力较小,不能使父本花粉充分散出,花粉的利用率较低;二是绳索在母本穗层上拉过,对母本花器有伤害作用。

b. 单竿赶粉法。此法是一人手握一根长竿(3~4m)的一端,置于父本穗层下部,向左右呈扇形扫动,振动父本的稻穗,使父本花粉飞向母本畦中。该法比绳索拉粉速度慢,但对父本的振动力较大,能使父本的花粉从花药中充分散出,传播的距离较远。但该法仍存在花粉单向传播、不均匀的缺点。适合单行、假双行、小双行父本栽插方式的制种田采用。

c. 双竿推粉法。此法是一人双手各握一短竿(1.5~2.0cm),在父本行中间行走,两竿分别放置父本植株的中上部,用力向两边振动父本2~3次,使父本花粉从花中充分散出,并向两边的母本畦中传播。此法的动作要点是"轻压、重摇、慢放"。该法的优点是父本花粉更能充分散出,花药中花粉残留极少,且传播的距离较远,花粉散布均匀。但是赶粉速度慢,劳动强度大,难以保证在父本开花高峰时及时赶粉。此法只适宜在大双行父本栽插方式的制种田采用。

目前,在制种中,如果劳力充裕,应尽可能采用双竿推粉或单竿赶粉的授粉方法。除了上述3种人工赶粉方法外,湖北还研究了一种风机授粉法,可使花粉的利用率进一步提高,异交结实率可比双竿推粉法高15.5%左右。另外还需要注意授粉次数和时间。

②授粉的次数与时间。水稻不仅花期短,而且一天内开花时间也短,一天内只有1.5~2h的开花时间,且主要在上午、中午。不同组合每天开花的时间有差别,但每天的人工授粉次数大体相同,一般为3~4次,原则是有粉赶、无粉止。每天赶粉时间的确定以父母本的花时为依据,通常在母本盛开期(始花后4~5d)前,每天第一次赶粉的时间要以母本花时为准,即看母不看父;在母本进入盛花期后,每天第一次赶粉的时间则以父本花时为准,即看父不看母,这样充分利用父本的开花高峰花粉量来提高田间花粉密度,促使母本外露柱头结实。赶完第一次后,父本第二次开花高峰时再赶粉,两次之间间隔20~30min,父本闭颖时赶最后一次。在父本

盛花期的数天内,每次赶粉均能形成可见的花粉尘雾,田间花粉密度高,使母本当时正开颖和柱头外露的颖花都有获得较多花粉的机会。所以,赶粉不在次数多,而要赶准时机。

【操作技术2-2-22】严格除杂去劣

为了保证生产的杂交种子能达到种用的质量标准,制种全过程中,在选用高纯度的亲本种子和采用严格的隔离措施基础上,还应做好田间的除杂去劣工作。要求在秧田期、分蘖期、始穗期和成熟期进行(表2-5),根据三系的不同特征,把混在父母本中的变异株、杂株及病劣株全部拔除。特别是在抽穗期根据不育系与保持系有关性状的区别(表2-6),将可能混在不育系中的保持系去除干净。

表2-5　水稻制种除杂去劣时期和鉴别性状

秧田期	分蘖期	抽穗期	成熟期
叶鞘色、叶色、叶片的形状、苗的高矮,以叶鞘色为主识别性状	叶鞘色、叶色、叶片的形状、株高、分蘖力强弱,以叶鞘色为主识别性状	抽穗的早迟和卡颈与否、花药性状、稃尖颜色、开花习性、柱头特征、花药形态和叶片形状大小,以抽穗的早迟、卡颈与否、花药形态、稃尖颜色为主要识别性状	结实率、柱头外露率和稃尖颜色,以结实率为主结合柱头外露识别

表2-6　水稻不育系、保持系与半不育株的主要区别

性状	不育系(A)	保持系(B)	半不育株(A')
分蘖力	分蘖力较强,分蘖期长	分蘖力一般	介于不育系和保持系之间
抽穗	抽穗不畅,穗茎短,包茎重,比保持系抽穗迟2~3d,且分散,历时3~6d	抽穗畅快,而且集中,比不育系抽穗早2~3d,无包茎	抽穗不畅,穗茎较短,有包茎,抽穗基本与不育系同时,历时较长且分散
开花习性	开花分散,开颖时间长	开花集中,开颖时间短	基本类似不育系

续　表

性状	不育系(A)	保持系(B)	半不育株(A′)
花药形态	干瘪、瘦小、乳白色,开花后呈线状,残留花药呈淡白色	膨松饱满,金黄色,内有大量花粉,开花散粉后呈薄片状,残留花药呈褐色	比不育系略大、饱满些,呈淡黄色,花丝比不育系长,开花散粉后残留花药一部分呈淡褐色,一部分呈灰白色
花粉形态	绝大部分畸形无规则,对碘化钾溶液不染蓝色或浅着色,有的无花粉	圆球形,对碘化钾溶液呈蓝色反应	一部分圆形,一部分畸形无规则;对碘化钾溶液,一部分呈蓝色反应,一部分浅着色或不染色

【操作技术 2-2-23】加强黑粉病等病虫害的综合防治

制种田比大田生产早,禾苗长的青绿,病虫害较多。在制种过程中要加强病虫害、鼠害的预防和防治工作,做到勤检查,一旦有发现,及时采用针对性强的农药进行防治。近年来,各制种基地都不同程度地发生稻粒黑粉病危害,影响结实率和饱满度,给产量和质量带来极大的影响,各制种基地必须高度重视,及时进行防治。目前防治效果较好的农药有克黑净、灭黑 1 号、多菌灵、粉锈宁等。在始穗盛花和灌浆期的下午以后喷药为宜。

【操作技术 2-2-24】适时收割

杂交水稻制种由于使用激素较多,不育系尤其是博 A、枝 A 等种子颖壳闭合不紧,容易吸湿导致穗上芽,影响种子质量。因此,在授粉后 22~25d,种子成熟时,应抓住有利时机及时收割,确保种子质量和产量,避免损失。收割时应先割父本及杂株,确定无杂株后再收割母本。在收、晒、运、贮过程中,要严格遵守操作规程,做到单收、单打、单晒、单藏;种子晒干后包装并写明标签,不同批或不同组合种子应分开存放。

2. 两系杂交水稻制种技术

"两系法"是指利用水稻光(温)敏核不育系与恢复系杂交配制杂交组合,以获得杂种优势的方法。推广应用两系杂交水稻,是我国水稻杂种优势利用技术的新发展。利用光(温)敏核不育系作母本,恢复系作父本,将它们按一定行比相间种植,使光(温)敏核不育系接受恢复系的花粉受精荤实,生产杂种一代的过程,叫两系法杂交制种(简称两系制种)。光敏型核不育系是由光照的长短及温度的高低相互作用来控制育性转换;而温敏型核不育系主要由温度的高低来控制育性的转换,对光照的长短没有光敏型核不育系要求那么严格。

两系制种与三系制种最大差别在于不育系的差别。两系制种的不育系育性受一定的温、光条件控制,目前所用的光(温)敏核不育系,一般在大于 13.45h 的长日照和日平均温度高于24℃的条件下表现为雄性不育;当日照长度小于 13.45h 和日平均温度低于24℃时,不育系的育性发生变化,由不育转为可育,自交结实,不能制种,只能用于繁殖。光(温)敏核不育系因受光、温的严格限制,一般只能在气候适宜的季节制种,而不能像"三系"那样,春、夏、秋季都可以制种。但两系制种和三系制种母本都是靠异交结实,其制种原理是一样的,所以两系制种完全可以借用三系制种的技术和成功经验,在两系制种时,根据光(温)敏核不育的特点,抓好以下技术措施。

【操作技术 2-2-25】选用育性稳定的光(温)敏核不育系

两系制种时,首先要考虑不育系的育性稳定性,选用在长日照条件下不育的下限温度较低,短日照条件下可育的上限温度较高,光敏温度范围较宽的光(温)敏核不育系。如粳型光敏核不育系 N5088S、7001S、31111S 等,在长江中下游29℃~32℃内陆平原和丘陵地区的长日照条件下,都有 30d 左右的稳定不育期,在这段不育期制种,风险小,籼型温敏核不育系培矮 64S,由于它的育性主要受温度的控制,对光照的长短要求没有光敏型核不育系那么严格,只要日平均温度稳定在23.3℃以上,不论在南方或北方稻区制种,一般都能保证制种的种子纯度,但这类不育系在一般的气温条件下繁殖产量较低。

【操作技术 2-2-26】选择最佳的安全抽穗扬花期

由于两系制种的特殊性,对两系父母本的抽穗扬花期的安排要特别考虑,不仅要考虑开花天气的好坏,而且必须使母本处在稳定的不育期内抽穗扬花。

不同的母本稳定不育的时期不同,因此要先观察母本的育性转换时期,在稳定的不育期内选择最佳开花天气,即最佳抽穗扬花期,然后根据父母本播期到始抽穗期历时推算出父母本的播种期。

例如,母本播种到始抽穗期为 105d,父本播种到始抽穗期为 113d,父母本的抽穗扬花期定到 8 月 13 日左右,则父本播种期应为 4 月 25 日左右,母本播种期应为 5 月 3 日左右,父母本的播种期差 8d 左右,叶差 1.5 片叶。

籼、粳两系制种播期差的参考依据有所不同。籼型两系制种以叶龄差为主,同时参考时差和有效积温差。粳型两系制种的播期差安排主要以时差为主,同时参考叶龄差和有效积温差。

【操作技术 2-2-27】强化父本栽培

就当前应用的几个两系杂交组合父母本的特性来看,强化父本栽培是必要的。一方面,强化父本增加父本颖花数量,增加花粉量,有利于受精结实;另一方面,两系制种中的父本有不利制种的特征。一般来说,两系制种的父母本的生育期相差不是太大,但往往发生有的杂交组合父本生育期短于母本生育期,即母本生育期长的情况。在生产管理中,容易形成母强父弱的情况,使父本颖花量少,母本异交结实率低。像这样的杂交组合制种更要注重父本的培育。强化父本栽培的具体方法有:

①强化父本壮秧苗的培育。父本壮秧苗的培育最有效的措施是采用两段育秧或旱育秧。两段育秧可根据各种制种组合的播种期来确定第一段育秧的时间,第一段育秧采取室内或室外场地育小苗。苗床按 350~400g/m² 的播种量均匀播种,用渣肥或草木灰覆盖种子,精心管理,在二叶一心期及时寄插,每穴插 2~3 株秧苗,寄插密度根据秧龄的长短来定,秧龄短的可按 10cm×10cm 规格寄插,秧龄长的用 10cm×13.3cm 的规格寄插。加强秧田的肥水管理,争取每株秧苗带蘖 2~3 个。

②对父本实行偏肥管理。移栽到大田后,对父本实行偏肥管理。父本移栽后 4~6d,施尿素 45~60kg/hm²,7d 后,分别用尿素 45kg/hm²、磷肥 30~60kg/hm²、钾肥 45kg/hm² 与细土 750kg 一起混合做成球肥,分两次深施于父本田,促进早发稳长,达到穗大粒多、总颖花多和花粉量大的目的。在对父本实行偏肥管理的同时,也不能忽视母本的管理,做到父母本平衡生长。

【操作技术 2-2-28】去杂去劣，保证种子质量

两系制种比起三系制种来要更加注意种子防杂保纯，因为它除生物学混杂、机械混杂外，还有自身育性受光温变化、栽培不善、收割不及时等导致自交结实后的混杂，即同一株上产生杂交种和不育系种子。针对两系制种中易出现自身混杂，应采用下列防杂保纯措施。

①利用好稳定的不育性期。将光（温）敏核不育系的抽穗扬花期尽可能地安排在育性稳定的前期，以拓宽授粉时段，避免育性转换后同一株上产生两类种子。如果是光（温）敏核不育系的幼穗分化期，遇上了连续几天低于 23.5℃ 的低温时，应采用化学杀雄的辅助方法来控制由于低温引起的育性波动，达到防杂保纯的目的。

具体方法是：在光（温）敏核不育系抽穗前 8d 左右，用 0.02% 的杀雄 2 号药液 750kg/hm² 均匀地喷施于母本，隔 2d 后用 0.01% 的杀雄 2 号药液 750kg/hm² 再喷母本一次，确保杀雄彻底。喷药时应在上午露水干后开始，在下午 5:00 前结束，如果在喷药后 6d 内遇雨应迅速补喷一次。

②高标准培育"早、匀、齐"的壮秧。通过培育壮秧，以期在大田分蘖、多分蘖、分蘖整齐，并且移栽后早管理、早晒田，促使抽穗整齐，避免抽穗不齐而造成的自身混杂。

③适时收割。一般来说，在母本齐穗 25d 已完全具备了种子固有的发芽率和容量。因此，在母本齐穗 25d 左右要抢晴收割，使不育系植株的地上节长出的分蘖苗不能正常灌浆结实，从而避免造成自身混杂。

3. 水稻不育系繁殖技术

(1) 水稻雄性不育系繁殖技术要点用不育系作母本，保持系作父本，按一定行比相间种在同一块田里，依靠风力传粉，采用人工辅助授粉，使不育系接受保持系的花粉受精结实，生产出下一代不育系种子，就叫不育系繁殖。繁殖出的不育系种子除少部分用于继续繁殖不育系新种外，大部分用于杂交制种，它是杂交水稻制种基础。因此，不育系繁不仅要提高单位面积产量，而且要保证生产出的种子纯度达到 99.8% 以上。

不育系的繁殖技术与三系制种技术基本相同,均是母本依靠父本的花粉受精结实。其不同点在于:不育系和保持系属姊妹系,株高、生育期等都差别不大,而制种的父本恢复系比不育系繁殖的父本保持系植株高大、分蘖力强、成穗率高、穗大、花粉量充足、生育期长,因此,制种父本栽插的穴数宜少些,父母本的行比宜大些,母本栽插的穴数多些。其他技术措施则大同小异,可以通用。

【操作技术2-2-29】适时分期播种,确保花期相遇

①适时播种。选择最佳的抽穗扬花期和确定最佳的播种季节。要注意避开幼穗分化期遇低温和抽穗扬花期遇梅雨或高温。不育系繁殖的播期差比制种的播期差小得多,而且父母本在播种顺序上正好相反,制种时是先播父本,而繁殖时是先播母本(不育系)。

②父本分期播种。不育系从播种到始穗的时间一般比保持系(父本)长3d左右,而且不育系的花期分散,从始花到终花需要9~12d,而保持系的花期集中,只需要5~7d。因此,为了使父母本花期相遇,父本应分两期播种,第一期父本比母本迟播3~4d,叶差0.8叶,第二期父本比母本迟播6~7d,叶差为1.5叶。粳稻不育系和保持系生育期相近,抽穗期也相近,第一期不育系与保持系可同时播种,第二期保持系比第一期保持系迟5~7d播种。不育系和保持系可同期抽穗。

【操作技术2-2-30】适宜的行比与行向

在隔离区内,不育系和保持系以4:1或8:2行比种植。移栽时应预留父本空行,两期父本按一定的株数相间插栽,以利于散粉均匀。同时,为防止父本苗小受影响,父母本行间距离应保持26cm左右。保持系和不育系种植的行向既要考虑行间光照充足,又要考虑风向。行向最好与风向垂直,或有一定的角度,以利风力传粉,提高母本结实率。

【操作技术2-2-31】合理密植

为了保证不育系有足够的穗数,必须保证较高的密度,一般株行距为10cm×(13.2~16.5)cm。单本插植,便于除杂去劣。如果不育系生育期较长,繁殖田较肥沃,施肥水平较高,其株行距可采用(13.2~16.5)cm×(16.5~20)cm。

【操作技术 2-2-32】强化栽培措施

为了便于去杂,不育系和保持系往往需要单行种植,应该强化栽培管理,保证足够的营养条件,特别是要注意保持系的营养充分,因为不育系本身是杂交后代,具有杂种优势,而保持系同一般品种一样,普通栽培技术下往往长势不好,所以必须加强管理,使之均衡生长。若保持系生长不好,花粉不多,或植株矮于母本,就会影响母本的结实率。

【操作技术 2-2-33】去杂去劣

除注意严格隔离外,要多次进行去杂去劣,防止发生生物学混杂。特别是在抽穗开花期间,要反复检查,拔除父母本行内混入或分离的杂株。在收获前,再次逐行检查,拔除不育系行中的保持系植株。

【操作技术 2-2-34】收获

收获时通常先收保持系,再对不育系群体全面逐株检查,彻底清除变异株及漏网的杂株、保持系株,然后单收、单打、单晒、单藏。不育系种子收获时还要注意观察,去除夹在其中的保持系稻穗。

（2）水稻光（温）敏核不育系繁殖技术要点

【操作技术 2-2-35】合理安排"三期"

光（温）敏核不育系繁殖需要安排好"三期",即适时播期、育性转换安全敏感期和理想扬花期,其中育性转换安全敏感期是核心,决定繁殖的成败。目前生产上所利用的光（温）敏核不育系的育性转换临界温度为24℃,低于育性转换临界温度则恢复育性。在繁殖光（温）敏核不育系种子时,应掌握育性转换安全敏感期的低温范围为20℃~23℃,这样既达到低温恢复育性获得高产,又不因低温而造成冷害或生理不育。可见,适宜的播期不但决定育性转换安全敏感期,也决定理想扬花期,是工作的重点。因此,必须根据当地多年的实践经验和气象资料,确定合理的播种期。

【操作技术 2-2-36】掌握育性转换部位与时期

育性转换敏感性部位是植株幼穗生长点,育性转换敏感期是幼穗分化Ⅲ至Ⅵ期。在不育系繁殖时,必须掌握在整个育性转换敏感期,低温水（24℃以下）灌溉深度由 10cm 逐步加深到 17cm,使幼穗生长点在育性转换期自始至终都处于低温状态。

【操作技术 2-2-37】采用低温水均衡灌溉方法

由于气温和繁殖田的田间小气候对水温的影响,势必造成水温从进水口到出水口呈梯级上升的趋势,从而结实率也呈梯级下降。为克服这种现象,每块繁殖田都要建立专用灌排渠道,要尽量减少空气温度对灌渠冷水的影响,多口进水,多口出水,漏筛或串灌,使全田水温基本平衡,植株群体结实平衡。

【操作技术 2-2-38】运用综合措施,培育高产群体

采用两段育秧,合理密植,科学肥水管理,综合防治病虫害和有害生物,搭好丰产苗架,使主穗和分蘖生长发育进度尽可能保持一致,便于在育性转换敏感期进行低水温处理。

三、大豆种子生产技术

（一）大豆种子生产生物学特性

大豆的根由主根、支根、根毛组成。

1. 根

在大豆根生长过程中,土壤中原有的根瘤菌沿根毛或表皮细胞侵入,在被侵入的细胞内形成感染线。感染线逐渐伸长,直达内皮层,根瘤菌也随之进入内皮层中,在这里诱发细胞进行分裂,形成根瘤的原基。2 周后,根瘤的周皮、厚壁组织层及维管束相继分化出来,此时,根瘤菌在根瘤中变成类菌体。根瘤内部呈现红色,开始具有固氮能力。

2. 茎

大豆的茎包括主茎和分枝,按主茎生长形态,大豆可分为蔓生型、半直立型、直立型。栽培品种均为直立型。

3. 叶

大豆的叶有子叶、单叶、复叶之分。出土时展开的两片叶为子叶,接着第二节上出现两片单叶,第三节上出现一片三出复叶。

4. 花

大豆的花序着生在叶腋间和茎顶部,为总状花序(图2-4),一个花序上的花朵通常是簇生的,俗称花簇。每朵花由苞片、花萼、花冠、雄蕊、雌蕊构成。苞片2个,呈管形,苞片上有茸毛,有保护花芽的作用,花萼位于苞片上方,下部联合呈杯状,上部开裂为5片,色绿,着生茸毛。花冠为蝴蝶型,位于花萼内部,由5个花瓣组成。5个花瓣中上面一个大的叫旗瓣,旗瓣两侧有两个形状和大小相同的翼瓣,最下面的两瓣基部相连,弯曲,形似小舟,叫龙骨瓣。花的颜色有紫色、白色。大豆是自花授粉植物,花朵开放前即已完成授粉,天然杂交率不到1%。大豆花序的主轴称花轴,花轴的长短、花轴上花朵的多少因品种而异,同时也受气候和栽培条件的影响。

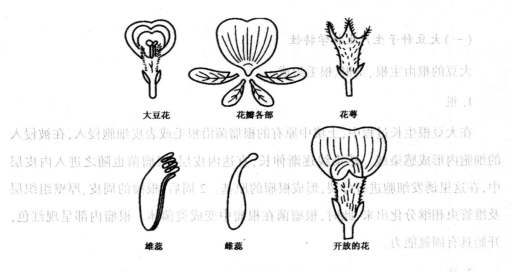

大豆花　　　　花瓣各部　　　　花萼

雄蕊　　　　雌蕊　　　　开放的花

图2-4　大豆花器构造示意图

5. 种子

大豆的荚由子房发育而成。荚的表皮被茸毛,个别品种无茸毛。荚色有草黄、灰褐、褐、深褐及黑色。大豆种子形状分圆形、卵圆形、长卵圆形、扁圆形等。种皮色分为黄色、青色、褐色、黑色及双色5种。大豆的胚由两片子叶、胚芽、胚轴组成。

子叶肥厚,富含蛋白质和油分,是幼苗生长初期的养分来源,胚芽具有一对已发育成的初生单叶,胚芽下部为胚轴,胚轴末端为胚根。

有的大豆品种种皮不健全,有裂缝,甚至裂成网状,致使种子部分外露。气候干燥或成熟后期遇雨也会常常造成种皮破裂。有的籽粒不易吸水膨胀,变成"硬粒",种皮栅栏组织外面的透明带含有蜡质或栅栏组织细胞壁硬化,土壤中钙质多,种子成熟期间天气干燥都会使"硬粒"增多。

（二）大豆原种种子生产技术

根据我国大豆原种生产技术操作规程(GB/T 17318—2011)规定:大豆原种生产可采用三圃制、两圃制,或用育种家种子直接繁殖。

1. 三圃制

【操作技术 2-2-39】单株选择

①单株来源。单株在株行圃、株系圃或原种圃中选择,如无株行圃或原种圃时可建立单株选择圃,或在纯度较高的种子田中选择。

②选择时期和标准。根据品种的特征特性,在典型性状表现最明显的时期进行单株选择,选择分花期和成熟期两期进行。要根据本品种特征特性,选择典型性强、生长健壮、丰产性好的单株。花期根据花色、叶型、病害情况选单株,并给予标记;成熟期根据株高、成熟度、茸毛色、结荚习性、株型、荚型、荚熟色从花期入选的单株中选拔。

③选择数量。选择单株的数量应根据下年株行圃的面积而定。一般每公顷株行圃需决选单株 6000～7500 株。

④选择单株的收获。将入选单株连根拔起,单株分别编号,注明品种名称、日期。

⑤室内决选。入选单株首先要根据植株的全株荚数、粒数,选择典型性强的丰产单株,单株脱粒,然后根据籽粒大小、整齐度、光泽度、粒型、粒色、脐色、百粒重、感病情况等进行复选。复选的单株在剔除个别病虫粒后分别装袋编号保存。

【操作技术 2-2-40】建立株行圃

①播种。要适时将上年入选的每株种子播种成一行，密度应较大田稍稀，单粒点播，或 2~3 粒穴播留一苗，各株行的长度应一致，行长 5~10m，每隔 19 行或 49 行设一对照行，对照应用同品种原种。

②田间鉴定、选择。田间鉴评分三期进行。苗期根据幼苗长相、幼茎颜色；花期根据叶型、叶色、茸毛色、花色、感病性等；成熟期根据株高、成熟度、株型、结荚习性、茸毛色、荚型、荚熟色来鉴定品种的典型性和株行的整齐度。通过鉴评要淘汰不具备原品种典型性的、有杂株的、丰产性低的病虫害重的株行，并做明显标记和记载。对入选株行中的个别病劣株要及时拔除。

③收获。收获前要清除淘汰劣株行，对入选株行要按行单收、单晒、单脱粒、单装袋，袋内外放（栓）好标签。

④室内决选。在室内要根据各株行籽粒颜色、脐色、粒形、籽粒大小、整齐度、病粒轻重和光泽度进行决选，淘汰籽粒性状不典型、不整齐、病虫粒重的株行，决选株行种子单独装袋，放（栓）好标签，妥善保管。

【操作技术 2-2-41】建立株系圃

①播种。株系圃面积因上年株行圃入选行种子量而定。各株系行数和行长应一致，每隔 9 区或 19 区设一对照区，对照应用同品种的原种。将上年保存的每一株行种子种一小区，单粒点播或 2~3 粒穴播留一苗，密度应较大田稍稀。

②鉴定、选择。田间鉴评各项与株行圃相同，但要求更严格，并分小区测产。若小区出现杂株时，全区应淘汰，同时要注意各株系间的一致性。

③收获。先将淘汰区清除后对入选区单收、单晒、单脱粒、单装袋、单称重，袋内外放（栓）好标签。

④室内决选。籽粒决选标准同株行圃，决选时还要将产量显著低于对照的株系淘汰。入选株系的种子混合装袋，袋内外放（栓）好标签，妥善保存。

【操作技术 2-2-42】建立原种圃

将上年株系圃决选的种子适度稀植于原种田中，播种时要将播种工具清理干净，严防机械混杂。在苗期、花期、成熟期要根据品种典型性严格拔除杂株、病株、劣株。成熟时及时收获,要单收、单运、单脱粒、专场晾晒,严防混杂。

2.两圃制

两圃制即把株行圃中当选的株行种子混合,进入原种圃生产原种。两圃制简单易行,节省时间,对于种源纯度较高的品种,可以采用两圃制生产原种。

(三)大豆大田用种生产技术

上述方法生产出的大豆原种,一般数量都有限,不能直接满足大田用种需要,必须进一步扩大繁殖,生产大豆大田用种。具体操作步骤如下。

【操作技术 2-2-43】种子田的选择和面积

①种子田的选择。大田用种生产要选择地块平坦、交通便利、土壤肥沃、排灌方便的地块。

②种子田的面积。种子田面积由大田播种面积、每公顷播种量和种子田每公顷产量三个因素决定的。

【操作技术 2-2-44】种子田的栽培管理

①种子准备。上一年生产的原种。

②严把播种关。适时播种,适当稀植。

③加强田间管理。精细管理,使大豆生长发育良好,提高繁殖系数。

④严格去杂去劣。在苗期、花期、成熟期去杂去劣,确保种子纯度。

⑤严把收获脱粒关。适期收获,单收、单打、单晒,严防机械混杂。

⑥安全贮藏。当种子达到标准水分时,挂好标签,及时入库。

(四)大豆杂交种子生产技术

大豆是自花授粉作物,繁殖系数低,花器柔弱,人工去雄配制杂交种成本太高。所以常常采用常规育种模式,但近些年杂交大豆取得了突破性进展。

1993 年,吉林省农科院孙寰等人利用栽培大豆和野生大豆的远缘杂交,育成了质—核雄性不育系,并实现了三系配套。后来赵丽梅等人又选育出了高异交率大豆雄性不育系,在一定的生态条件下,利用野生昆虫传粉,制种结实率和产量得到大幅度的提高,制种技术得到进一步的完善。

随着杂交大豆产业化进程的推进,亟须建立起科学的杂交大豆种子繁育程序,这对保持杂交种纯度和生活力、规范杂交种生产、提高制种产量和质量等方面都有重要意义。杂交大豆种子繁育程序按育种家种子(选单株、株行圃)、原原种繁殖、原种繁殖、杂交制种进行世代繁育。其中,育种家种子、株行圃和原原种繁殖应在网室隔离条件下完成。原种繁殖、杂交制种可在大田严格设置空间隔离的条件下完成。

【操作技术 2-2-45】育种家种子

由育种者人工单株杂交和进一步单株扩繁所获得的最具有品种稳定性、典型性及丰产性能的最原始的种子。通过回交转育的不育系,至少要回交 5 代方可以利用,由育种者对不育系逐株进行育性镜检,选不育率 99% 以上的不育系单株与保持系一对一人工杂交,对不育系和保持系种子成对单独收获。通过单株测交、单株扩繁获得恢复系种子。以上获得的"三系"种子称为一级育种家种子。

对于需要提纯复壮的"三系"种子,也应由育种者在开花期选择具有不育系和保持系典型特征特性的植株,进行成对杂交,不育系和保持系单株脱粒,获得不育系和保持系一级育种家种子,在成熟期选择具有恢复系特征特性的植株,单株脱粒,获得恢复系一级育种家种子。

将上一年一级育种家种子进行成对单株播种扩繁,每对不育系和保持系单株的种子种于一个网室内。生育期间要进行育性镜检,观察记载不育率、不育株率,鉴定保留符合不育系、保持系特征特性的植株,剔除杂株,淘汰不典型单株,借助苜蓿切叶蜂或蜜蜂完成传粉;单株收获的恢复系一级育种家种子,可以在网室内或隔离开放大田进行株行种植,鉴定是否符合恢复系的特征特性,及时拔除杂株和不典型植株。"三系"成熟后按网室和株行对那些具有典型性的植株分别收获予以保留,从而获得二级育种家种子。

一级育种家种子和二级育种家种子统称为育种家种子。育种家种子是由源头解决不育系、保持系及恢复系种子本身不纯和自然突变所产生混杂问题,扩大"三系"种子数量。育种家种子不论是不育系、保持系还是恢复系,纯度应达到 100%,净度达到 100%,无任何病虫粒,发芽率保持在 85% 以上。

【操作技术 2-2-46】原原种繁殖

将上一年在株行圃收获保留的典型不育系和保持系转入更大的网室里扩繁,开花期间逐株育性镜检,拔除育性不稳定的植株,并通过观察品种的特征特性在苗期、花期、收获期严格剔除杂株。恢复系原原种的繁殖也要在隔离的条件下单独繁殖。原原种种子的纯度应达到100%,净度达到100%,发芽率保持在85%以上。原原种繁殖不仅是增加种子数量,更重要的是能够使典型特征特性的"三系"繁衍下来。

【操作技术 2-2-47】原种繁殖

为了进一步增加亲本种子的数量和降低种子生产成本,原原种应在大田严格设置空间隔离的条件下进行大面积扩繁,生产原种。不育系的繁殖是不育系和保持系按1:2或1:3的比例种植,为避免混杂,在开花授粉后割除保持系。保持系和恢复系原种繁殖是在严格隔离的情况下,单独繁殖。

在整个生育期间要进行严格的纯度检验,达到纯度标准后,才能进入下一年制种使用。制种期间未达到纯度标准的可以进行人工剔除杂株,但大面积制种人工剔除杂株只能作为一种补救措施,原因是技术复杂,时间要求严格,成本较高。由于剔除杂株人员掌握技术娴熟程度不同,剔除杂株的效果也各不相同。剔除杂株工作应在出苗期、苗期、花期和收获前完成。原种种子的纯度应达到99.8%,净度应达到99.5%,发芽率应保持在85%以上。

【操作技术 2-2-48】杂交制种

杂交制种是种子生产的最后一个环节。应在大田严格设置空间隔离的条件下进行。不育系和恢复系按1:2或1:3比例种植。在目前国家尚未制定杂交大豆种子分级标准的情况下,为了充分发挥杂交大豆的增产潜力,制种品种3级标准现暂定为纯度应达到94%以上,净度应达到98%以上,发芽率应保持在85%以上。

①隔离区设置。隔离区设置因不同的制种区域生态环境、传粉昆虫的种类和数量而不同。一般情况下原种繁殖田的水平隔离距离为2500m以上,杂交制种田的水平隔离距离为2000m以上。

②传粉媒介和人工放蜂辅助授粉。由于大豆是严格的自花授粉植物,特有的

花器构造使异花授粉非常困难。所以,天然昆虫群体的状况是制种区选择的一个非常重要的条件。寻找天然传粉昆虫种类多、数量大的生态区可以提高不育系的结实率,大幅度提高制种产量。在这种生态环境下,即使不进行人工放蜂,也可以获得较高的制种产量。

对于蜜蜂来说,不论是芳香味道,还是蜜蜂采蜜的回报率,大豆都不是理想的蜜源植物。在有其他蜜源存在的情况下,蜜蜂不愿或很少光顾大豆生产田。吉林省农科院与吉林省养蜂科学研究所经过多年的研究,开发出蜂引诱剂,通过蜂引诱剂的训练,实现了人工驯化蜜蜂为杂交大豆制种传粉,提高结实率30%以上,大大降低了制种成本。因此,在有条件的地区,可以采用人工驯化蜜蜂辅助授粉。上述建立的杂交大豆四级种子生产程序仍需要继续完善和改进。

(五)大豆种子生产主要管理措施

1. 建立繁育体系

建立健全种子繁育体系是提高大豆种子质量的前提。

(1)建立好原原种生产基地

要建立稳定的科研试验基地,除了供给的原种外,还要对自己选育出的新品种搞好提纯复壮,建好正规原种生产程序,严格检验,使原种真正达到纯度标准。同时保证原原种的数量。

(2)建好原种一代生产基地

利用国营原种场作为原种一代的生产基地。

(3)建立好原种二代生产基地

按区域建立稳定的多个大豆种子生产专业村,实行一村一个品种的生产原则,生产出大量的原种二代大豆,农户可以直接用原种二代大豆进行生产,既能使大豆种子提前使用一个世代,又能使农户种子的更新率加快,实现两年更新一次大田用种。保证了大豆种子质量,加快了大豆种子更新速度。

2. 加强田间管理

加强大豆种子田间管理是提高大豆种子质量的关键。大豆种子田间管理除了播种、轮作、施肥等栽培措施外,主要抓住两个环节来保证种子质量。一是田间去杂去劣,在大豆出苗、开花、成熟前期去杂。苗期主要根据叶片形状、根茎颜色结合间苗进行;花期主要根据花色进行;收获前期主要根据荚色、荚毛色严格去杂。凡是与原品种标准表现不一致的单株一律拔除。

3. 加强室内检验,严防机械混杂

大豆种子检验是种子检验工作薄弱环节,没有像玉米那样统一抽检、统一鉴定。脱粒、清选工作过程中机械混杂十分严重,往往甲品种中混入乙品种现象较多。各级种子管理部门应对大豆种子统一抽检,对纯度严重不合格的品种和扩繁单位予以曝光。

4. 统一种源

原种纯度高低是保证种子质量的首要因素。应该坚持由公司统一提供原种,即由育种单位和省地种子部门调入原种,或自己用三圃制生产一部分原种,严把原种质量关。原种入库后,立即进行室内复验,鉴定其纯度是否达到标准要求。首先从粒色、粒形、脐色、光泽度上看是否典型一致,然后进行苗期鉴定,即通过叶型、茎色等特征鉴定其纯度,达到原种标准的方可使用,达不到原种标准的决不能用于繁种。

5. 统一包衣

大豆病虫害严重影响大豆的质量和产量。大豆种子包衣是防治大豆种子田地下害虫和苗期病虫害的有效手段。但需要注意原种统一包衣,保证包衣质量,有效防治病虫,提高保苗率,从而提高种子质量和产量。

6. 统一保管、统一地块

千家万户繁种,如果种子在播种之前发到农户,很容易造成混杂,也不安全,解决办法是原种包衣后,由繁种村统一拉回,由村统一保管,不下发到农户,有效地解决机械混杂问题。再者制种地要统一固定,因为农户的种子生产技术比较娴熟,质量高,但必须做好与玉米、马铃薯、甜菜等作物合理换茬,减少重迎茬带来的病虫猖獗,保证大豆种子质量和产量的提升。

第三章　异交或常异交作物种子生产技术

第一节　基本知识

一、杂交种亲本原种生产

(一)杂交种亲本原种的概念

作物杂交种亲本原种(简称原种)是指用来繁殖生产上栽培用种的父母双亲的原始材料。它是由育种者育成的某一品种的原始种子直接繁育而成的种子,或这一品种在生产上使用以后由其优良典型单株繁育而成的种子。

1.原原种生产

原原种是由育种者直接生产和控制的质量最高的繁殖用种,又称超级原种。前面所述的原始种子也就是原原种。它是经过试验鉴定的新品种(或其亲本材料)的原始种子,故也称"育种家的原种"。原原种具有该品种最高的遗传纯度,因而其生产过程必须在育种者本身的控制之下,以进行最有效的选择,使原品种纯度得到最好的保持。原原种生产必须在绝对隔离的条件下进行,并注意控制在一定的世代以内,以达到最好的保纯效果。因此,较宜采用一次繁殖,多年贮存使用的方法。

2.原种生产

原种是由原原种繁殖得到的,质量仅次于原原种的繁殖用种。原种的繁殖应由各级原种场和授权的原种基地负责,其生产方法及注意事项与康原种基本相同。原种的生产规模较原原种大,但比生产用种小。

3. 大田用种生产

大田用种是由原种种子繁殖获得的直接用于生产上栽培种植的种子。大田用种的生产应由专门化的单位或农户负责承担,其质量标准略低于原种,但仍必须符合规定的大田用种种子质量标准。在采种上生产用种的要求与原种有所不同。如为了鉴定品种的抗病性,原种生产一般在病害流行的地区进行,有时还要人工接种病原,但大田用种的繁殖则一般在无病区进行,并辅之以良好的肥水管理条件,以获得较高的种子产量和播种品质。

(二)杂交种亲本原种的一般标准及原种更换

①主要特征特性符合原品种的典型性状,株间整齐一致,纯度高。

②与原品种比较,其植株生长势、抗逆性和产量水平等不降低。

③种子质量好。

用原种更换生产上已使用多年(一般 3~4 年)、有一定程度混杂退化的种子,有利于保持原品种的种性,延长该品种的使用年限。特别是自花、常异花作物的品种和生产杂交种子的亲本,这一工作更为重要。因为任何品种在使用过程都难免发生由各种原因引起的混杂退化,引起种性下降,单靠其他的防杂保纯措施是不够的,必须注重选优提纯,生产良种。

一般作物原种都比生产上使用多年的同一品种有较大幅度的增产,如小麦可达 5%~10%;用提纯的玉米自交系配制的杂交种比使用多年的自交系配制的杂交种增产 10%~20%。

(三)原种生产的一般程序和方法

【操作技术 3-1-1】基本材料的确定和选择

基本材料是生产原种的关键。用于生产原种的基本材料必须是在生产上有利用前途的品种,同时还必须在良好的条件下种植。基本材料要选择典型优良单株(或单穗)。其标准包括:具有本品种特征、植株健壮、抗逆能力强,经济性状良好。

选择要严格,数量要大,一般要几百个单株(或单穗)。

【操作技术 3-1-2】株行（穗行）比较

基本材料按株、穗分别种植。采用高产栽培方法，田间管理完全一致。在生长期间进行观察比较，收获前决选，严格淘汰杂、劣株行，保留若干优良株行或穗行，即株系。

【操作技术 3-1-3】株系比较

将上年入选的株系进行进一步比较试验，确定其典型性、丰产性、适应性等，严格选择出若干优良株系，混合脱粒。

【操作技术 3-1-4】混系繁殖

将上年所得混系种子在安全隔离和良好的栽培条件下繁殖。所得种子即为原种。

由混系繁殖的种子为原种一代，种植后为原种二代、三代。在生产上使用的一般是原种 3~6 代。

以上是原种生产的一般程序，称为三级提纯法（图 3-1）。异花和常异花授粉作物多数采用三级提纯法进行原种生产。

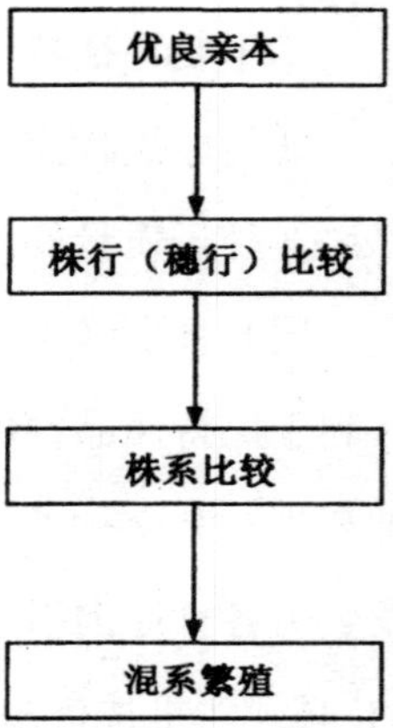

二、杂交种种子生产

杂交种，即经过亲本的纯化、选择、选配、配合力测定等一系列试验而选育的优良杂交组合，亦称 F_1 杂种。杂种品种群体内各个体的基因型是高度杂合的，因而不能代代相传，只能连年制种。杂交种种子生产实际上包括两方面的工作：一是亲本的繁殖与保纯；二是一代杂种种子的生产。亲本繁殖除雄性不育系需有保持系配套外，其他均与定型品种采种法基本相同，只是隔离要求更加严格。一代杂种种子生产的原则是杂种种子的杂交率要尽可能的高；制种成本要尽可能的低。

杂交种种子生产的任务，一是迅速而大量地生产优质种子，实现品种的以优代劣的更换，满足广大种植者生产的需求，满足经销商国内外销售的需求；二是防止推广品种混杂退化，保持良种的特性，延长良种的使用年限。

图 3-1　原种生产一般程序"三级提纯法"

杂交种种子生产方法

一代杂种种子生产的原则是杂种种子的杂交率要尽可能的高；制种成本要尽可能的低。生产一代杂种种子的方法很多，归纳起来大致有以下几种。

1. 人工去雄制种法

即用人工去掉母本的雄蕊、雄花或雄株，再任其与父本自然授粉或人工辅助授粉从而配制杂交种种子的方法。从原则上讲，人工去雄法适用于所有有性繁殖作物，而实际则要受到制种成本和作物繁殖特性等的限制。如茄果类和瓜类蔬菜，由于其花器大，容易进行去雄和授粉操作，费工相对较少；加之繁殖系数大，每果（瓜）种子可达 100~200 粒，因而成本低，故适于采用此法。另外，玉米、烟草也适于采用此法。而对那些花器较小或繁殖系数较低的作物则不宜采用此法。

人工去雄制种的具体方法是：将所要配制的 F_1 组合的父、母本在隔离区内相间种植，父、母本的比例可视作物种类和繁殖效率的高低而定，一般母本种植比例应高于父本，以提高单位面积上杂交种种子的产量。亲本生长的过程中要严格地去杂去劣；开花时对母本实施严格的人工去雄。然后，在隔离区内自由授粉或加以辅助授粉，母本植株上所结种子即为所需一代杂种种子。

2. 利用苗期标记性状制种法

即选用作物有苗期隐性性状的系统作母本，隔离区内与具有相对显性性状的父本系统杂交以配制一代杂种种子的方法。此法不用去雄，在苗期利用苗期隐性性状及时排除假杂种。这种方法虽然制种程序简单，但间苗、定苗等工作都较复杂。此外，对那些尚未找出明确的苗期标记性状或性状虽明显但遗传性不太稳定的作物，此法也不能应用。此法目前仅在番茄、大白菜、萝卜等作物上有少量应用。

3. 利用自交不亲和系（self-incompatibility line）制种法

即利用遗传性稳定的自交不亲和系作亲本（母本或双亲），在隔离区内任父母本自由授粉而配制一代杂种的方法。此法不用人工去雄，经济简便，只需将父母本系统在隔离区内隔行种植任其自由授粉即可获得一代杂种种子。此法在存在自交不亲和性的十字花科作物如结球甘蓝、大白菜、油菜等中广泛地采用。

利用自交不亲和系制种的关键是要育成优良的自交不亲和系。优良自交不亲和系除了须具备农艺性状优良、配合力高等条件外,还要求花期自交亲和指数要尽可能的低(最高不得超过1)。

利用自交不亲和系配制杂交种的具体方法是:在隔离条件下将亲本自交系间行种植,任其自由授粉。若双亲都为自交不亲和系而正反交性状差异又不大,则父、母本所结种子可混收;若正反交性状有明显差异,则父、母本所结种子需分开采种,分别加以利用;若双亲中一个亲本的亲和指数较高而另一个较低,则应按1∶2或1∶3的比例多栽亲和指数较低的系统。若双亲中有一个亲本(父本)为自交系,制种时,不亲和系与亲和系的栽植比例一般为4∶1左右,且只能从不亲和母本系上采收一代杂种。

4.利用雄性不育系(male-sterile line)制种法

即利用遗传性稳定的雄性不育系统做母本,在隔离区内与父本系统按一定比例相间种植,任其自由授粉而配制一代杂种种子的方法。此法不用人工去雄,简便易行,且生产的杂种种子的真杂种率可达100%,因而是极具潜力的一代杂种制种方法。目前生产上利用雄性不育系配制一代杂种的作物有水稻、洋葱、大白菜、萝卜等;正在研究但尚未大面积应用的有番茄、辣椒、芥菜、胡萝卜、韭菜、大葱等。利用雄性不育系制种必须有一个前提:首先解决"不育系(A系)""保持系(B系)"的配套问题;对那些产品器官为果实或种子的作物,还须育成"恢复系(R系)"而解决"三系配套"。

所谓"雄性不育系",是指利用雄性不育的植株,经过一定的选育程序而育成的雄性不育性稳定的系统;所谓"保持系",则指农艺性状与不育系基本一致,自身能育,但与不育系交配后能使其子代仍然保持不育性的系统;而"恢复系"则指与不育系交配后,能使杂种一代的育性恢复正常的能育系统。

在植物界,雄性不育系可根据其遗传方式的不同而分成:细胞核雄性不育型或核不育型(nuclear male-sterile,简称NMS);细胞核细胞质互作不育型(cytoplasmatic male-sterile,简称CMS)。

（1）利用 NMS 生产 F_1 种子

NMS 是指雄性不育性由细胞核基因控制,而与细胞质基因无关。不育株的基因型为 msms,可育株的基因型为 MsMs 或 Msms。利用 NMS 生产种子主要采用两用系,即一个既是不育系又是保持系的系统,简称 AB 系。AB 系内的可育株与不育株之比为 1∶1,它们的基因型分别为 Msms 和 msms,故两用系的繁殖,只要将两用系播于隔离区内,并在不育株上采收种子即可。

近年来,我国独创的"两系法"杂交稻技术基本成熟,其实质就是利用光敏核不育系制种。该不育性状受一对隐性主效核基因控制。

（2）利用 CMS 生产 R 种子

CMS 是由细胞核和细胞质基因交互作用而产生的。根据 CMS 的遗传方式,不育株的基因型为 S（msms）,可育株的基因型有 5 种:N（msms）、N（MsMs）、N（Msms）、S（MsMs）和 S（Msms）,其中 N（msms）是保持系的基因型(括号内表示核基因)。CMS 的选育通常采用测交筛选的方法,而且 CMS 的选育,实际上就是保持系的选育,因为没有保持系,就不能保证不育系的代代相传。利用 CMS 制种时,通常设立 3 个隔离区:不育系和保持系繁殖区,R 制种区和父本系繁殖区。具体制种方法可参见水稻杂交育种相关内容。

5. 用化学去雄制种法

即利用化学药剂处理母本植株,使之雄配子形成受阻或雄配子失去正常功能,而后与父本系自由杂交以配制杂种种子的方法。迄今在蔬菜方面报道的去雄剂有二氯乙酸、二氯丙酸钠、三氯丙酸、二氯异丁酸钠（FW450）、三碘苯甲酸（TIBA）、2-氯乙基磷酸（乙烯利）、顺丁烯二酸联氨（MH）、二氯苯氧乙酸（2,4-D）、萘乙酸（NAA）、赤霉素等（谭其猛,1982）,并在番茄、茄子、瓜类、洋葱等作物上进行了广泛的研究。但到目前为止,实际只有乙烯利应用于瓜类(主要是黄瓜)制种上。但应注意必须在隔离区内留种,并实行人工辅助去雄和人工辅助授粉,以保证杂种种子的质量和产量。父母本原种生产宜另设隔离区。

6. 利用雌性系制种法

即选用雌性系作母本,在隔离区内与父本相间种植,任其自由授粉以配制一代杂种种子的方法。雌性系是指包括全部为纯雌株的纯雌系和全部或大部分为强雌株，小部分为纯雌株的强雌株系。纯雌株指植株上只长雌花不生雄花。强雌株是指植株上除雌花外还有少数雄花。利用雌性系制种，一般采用 3∶1 的行比种植雌性系和父本系，在雌性系开花前拔去雌性较弱的植株，强雌株上若发现雄花及时摘除，以后自雌性系上收获的种子即为一代杂种。此法通常在瓜类蔬菜上采用。目前在黄瓜、南瓜、甜瓜等作物中都已发现雌性系，但实际只有在黄瓜杂种种子生产上得到广泛应用。雌性系的保存可以采用化学诱雄法。

7. 利用雄株系制种法

即在雌雄异株的作物中，利用其雌二性株或纯雌株育成的雌二性株系或雌性系作母本，在隔离区与另一父本系杂交以配制一代杂种种子的方法。此法主要在菠菜等作物中采用。具体做法：将雌株系和父本系按 4∶1 左右的行比种植于隔离区内，任其自然授粉，以后在雌株系上收获的种子即是所需的一代杂种。

第二节　异交或常异交作物种子生产技术

一、玉米种子生产技术

(一)玉米种子生产的生物学特性

玉米是雌雄同株异花植物。雌雄穗着生在不同部位，雄花着生在植株顶端，雌花由叶腋的腋芽发育而成。玉米天然异交率一般在 50%以上。

1. 雄花序

(1)雄花和雄花序

玉米的雄花通常称雄穗，为圆锥花序，由主轴和分枝构成。主轴顶部和分枝着生许多对小穗，有柄小穗位于上方，无柄小穗位于下方。每个小穗由 2 片护颖和 2 朵小花组成。两朵小花位于两片护颖之间。每朵小花有内外颖各 1 片，3 枚雄蕊和 1 片退化了的雄蕊。雄蕊的花丝很短，花药 2 室(图 3-2)。玉米雄穗一般在露出顶叶后 2~5d 开始开花。雄穗的开花顺序是从主轴中上部分开始,然后向上和向下同时进行,分枝上的小花开放顺序与主轴相同。开花的分枝顺序则是上中部的分枝先开放,然后向上和向下部的分枝开放。发育正常的雄穗可产生大量的花粉,一个花药内约有 2000 个花粉粒,一个雄穗则可产生 1500 万~3000 万个花粉粒。雄穗开始开花后,一般第二至第五天为盛花期,全穗开花完毕一般需 7~10d,长的可达 11~13d。

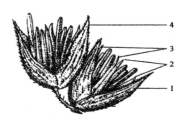

图 3-2　玉米雄花小穗构造

1.第一颖　2.第一花　3.第二花　4.第二颖

（2）雄花开花习性

玉米雄穗的开花与温度、湿度有密切关系,一般以 20℃~28℃ 时开花最多,当温度低于 18℃ 或高于 38℃ 时雄花不开放。开花时最适宜的相对湿度是 70%~90%。在温度和湿度均适宜的条件下,玉米雄穗全天都有花朵开放,一般以上午7~9 时开花最多,下午将逐渐减少,夜间更少。

2. 雌花序

（1）雌花和雌花序

雌花又称雌穗,为肉穗状花序,由穗柄、苞叶、穗轴和雌小穗组成。穗轴上着生许多纵行排列的成对无柄雌小穗。每个小穗有 2 朵花,其中一朵已退化。正常的花由内颖、外颖、雌蕊组成。雌蕊由子房、花柱和柱头所组成。

通常将花柱和柱头总称为花丝。顶端二裂称为柱头,上着生有茸毛,并能分泌黏液,粘住花粉。花丝每个部位均有接受花粉的能力（图 3-3）。

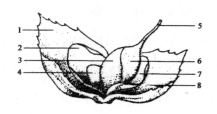

图 3-3 玉米雌花构造

1.第一颖　2.退化花的外颖　3.结实花的内颖　4.退化花的内颖

5.花柱　6.子房　7.结实花的外颖　8.第二颖

果穗中心有轴,其粗细和颜色因品种而不同。穗轴上的无柄小穗成对排列成行,所以,果穗上的籽粒行数为偶数,一般为 12~18 行。每小穗内有 2 朵小花,上花结实,下花退化。结实小花中包括内外稃和一个雌蕊及退化的雌蕊。

(2)雌花开花习性

雌蕊一般比同一株雄穗的抽出时间稍晚,最多晚 5~8d。雌蕊花丝开始抽出苞叶为雌穗开花(俗称吐丝),一般比同株雄穗开始开花晚 2~3d,也有雌雄穗同时开花的,这取决于品种特性和肥、水、密植程度等条件。在干旱、缺肥或过密遮光的条件下,雌穗发育减慢,而雄穗受影响较小。

雌穗吐丝顺序是中下部的花丝先伸出,依次是下部和上部。一个果穗开始吐丝至结束需 5~7d。花丝从露出苞叶开始至第 10 天均有受精能力,但以第 2~4 天受精力最强。

玉米花丝的生活力,一般是植株健壮、生长势强的品种比植株矮小、生长势弱的品种强;杂交种花丝的生活力比自交系强;高温干燥的气候条件比阴凉湿润的气候条件容易因为花丝枯萎而提早失去生活力。在适宜的温、湿度条件下,花丝授粉结实率一般以抽出苞叶后 1~7d 内最高,14d 后完全失去生活力。

3. 授粉与受精

(1)授粉

玉米花粉借助风力传到雌蕊花丝上,这一过程叫作授粉。在温度为 25℃~30℃,相对湿度为 85% 以上的情况下,玉米花粉落在花丝上 10min 后就开始发芽,30min 左右大量发芽,花粉细胞内壁通过外壁上的萌发孔向外突出并继续伸展,形成一个细长的花粉管。在授粉后约 1h,花粉管刺入花丝。花粉管在花丝内继续伸长,通过维管束鞘进入子房,经珠孔进入珠心,最后进入胚囊。

(2)受精

玉米为双受精植物,花粉管进入胚囊的 2 个精子,一个精子与卵细胞结合成合子,以后进一步发育成胚;另一个精子与两个极核中的一个结合,再与另一个极核融合成一个胚乳细胞核,以后进一步发育成胚乳细胞。一般情况下,玉米从授粉到受精需要 18~24h。

(二)玉米亲本种子生产技术

1. 玉米自交系的概念

玉米自交系是指一个玉米单株经连续多代自交,结合选择而产生的性状整齐一致、遗传性相对稳定的自交后代系统。

2. 培育玉米自交系的意义

玉米杂种优势利用的首要工作是培育基因型高度纯合的优良自交系,再由自交系杂交来获得适合生产需要的玉米杂交种。因为玉米属于异花授粉作物,雌雄同株异花异位。要获得杂交种子,只要将母本的雄穗去掉或母本本身不能产生正常花粉,这样才可接受父本花粉受精结实而产生杂交种子,实现异交结实较为容易。但因为玉米是异花授粉作物,任何一个未经控制授粉的玉米品种都是一个杂合体,基因杂合的亲本进行组合杂交后都难以产生强大的杂交优势。只有用基因型高度纯合的自交系来进行杂交才能产生具有强大杂种优势的后代。

3. 自交系的基本特性

(1)自交导致基因纯合,使玉米植株由一个杂合体变为一个纯合体。

(2)由于连续自交、其生活力衰退。

(3)来源不同的自交系杂交后,其杂种一代可能表现出强大的杂种优势。

4. 优良玉米自交系必须具备的条件

(1)综合农艺性状好

包括植株性状、穗部性状、抗病虫和其他抗逆能力等。

（2）一般配合力高

一般配合力是指一个自交系与其他多个自交系（或品种）产生的杂交后代的产量表现以及相关性状指标。只有将一般配合力较高的自交系合理组配，才有可能产生强优势组合。

（3）自交系本身产量高

有利于减少繁殖和制种面积，降低种子生产成本。

（4）品种纯度高

没有太多的混杂。

5. 选育玉米自交系的程序

（1）确定基本材料。包括地方品种、各种类型的杂交种、综合种和改良群体。

（2）连续套袋自交并结合严格选择，一般经 5~7 代自交（一年一代或一年多代）和选择，就可以获得基因型纯合、性状稳定一致的自交系。

（3）对自交系进行配合力测定，选出配合力高的自交系。

6. 玉米自交系的提纯

玉米是异花授粉作物，很容易退化，纯度降低。用纯度低的自交系配制的杂交种，其优势明显降低，一般自交系用 3~5 年后，就不宜继续使用，必须提纯。其方法有。

（1）选优提纯

适用于混杂较轻的自交系。即选典型优良单株 100~150 株套袋自交，收获时选穗，入选的果穗混合脱粒。第二年隔离繁殖，再进行选择，选出几十个优良单株混脱，即为提纯的原种。

（2）穗行提纯法

用于混杂程度较高的自交系。即选优良单株 100~150 株套袋自交，收获后选穗数十个，第二年分果穗隔离种植成穗行，选择鉴定，选出优良穗行，从优良穗行中选出优良果穗混脱，即为原种。

7. 玉米自交系的繁殖

①选肥力条件好、管理方便的地块，增施优质农家肥料。

②调整播期,使自交系开花期错过不良气候条件。

③适当增大密度和保持良好的肥水条件。

④精心管理和搞好人工授粉,提高结实率。

⑤实行严格的安全隔离和更严格地去杂去劣。

(三)玉米杂交种子生产技术

1.人工去雄法生产玉米杂交种

由于玉米是雌雄同株异花,雌雄穗着生在不同的部位,而且雄穗的抽出时间比雌穗早几天,再加之雄穗较大,便于进行人工去雄,所以玉米是适宜于采用人工去雄的方法进行杂交,并生产杂交种的作物。玉米人工去雄生产杂交种需要抓好以下几方面技术措施。

【操作技术 3-2-1】隔离

玉米花粉量极大,粉质轻,易于传播,而且传播距离远,玉米是容易发生自然杂交的作物。隔离是保证种子质量的基本环节之一。玉米杂种生产要设多个隔离区,每一个自交系要有一个隔离区,杂交制种田也要单独隔离。如单交种,甲自交系一个,乙自交系一个,制种区一个。三交种或双交种则更多。

生产上为了减少设隔离带来的麻烦,现在多采用统一规划联合制种的方法,实行不同父本分片制,一父多母合并制种,或一年繁殖亲本多年使用。

隔离方法主要有:空间隔离,一般制种区 200~400m,自交系繁殖区不少于 400m,平原或干燥地区要 600~700m,同时避免在离蜂场较近的地区制种;时间隔离,在春玉米区采用夏、秋播制种,在夏秋玉米区采用春播制种;屏障隔离,就是利用果园、林带,山岭等自然环境条件作为隔离物障,当然也可以人工栽植高秆作物以达到隔离的目的。

【操作技术 3-2-2】父母本行比

在保证有足够的父本花粉的情况下,尽量多植母本行,以最大限度地提高杂交种产量。一般父母本比为 1:(4~6)。

【操作技术 3-2-3】父、母本播差期的确定

父母本花期相遇是玉米制种成败的关键。但玉米一般花粉量较大,雌穗花的生活力时间长,播期调节要简单一些。

若双亲的播种到抽穗时间相同或母本比父本略短(2~3d 内)父母本可同期播种。

双亲的播种到抽穗时间相差 5d 以上就需要调节播种期,即先播花期较晚的亲本再播较早的亲本。

调节播差期的原则是"宁可母等父,不可父等母",最好是母本的吐丝期比父本的散粉期早 1~2d。这是由于花丝的生活力一般可持续 6~7d,而父本散粉盛期持续时间仅 1~2d,并且花粉在田间条件下仅存活几小时。

玉米亲本播差期调节方法主要是经验法,即父母本播差期的天数为父母本播期相差天数的 2 倍。如父母本播期相差 6~7d,播种期要错开 12~14d。

在分期播种的时间差安排上,母本最好是一次播种完毕,目的是保证开花期的一致性,去雄时也能做到一次性干净彻底地去除。父本需要分期播种时,通常采用间株分期播种的方式进行。即按照分期播种的比例(如分二期播种,一期 60%,二期 40%)采用相同的穴比进行播种(一期播种两穴空一穴,二期补种一期预留的空穴)。

【操作技术 3-2-4】去杂去劣

①常见的杂株、劣株。优势株,表现为生长优势强,植株高大,粗壮,很易识别;混杂株,虽与亲本自交系长势相近,但不具备亲本自交系的形态特征,也易识别;劣势株,常见的有白化苗、黄化苗、花苗、矮缩苗和其他畸形苗。

②去杂去劣一般要进行 3 次。第一次在定苗时,结合间苗、定苗进行;第二次在拔节期,进一步去杂去劣;第三次在抽雄散粉前,按照自交系的典型性状进行去杂去劣。整个田间去杂工作必须在雄花散粉之前完成,以免杂株散粉,影响种子纯度。

【操作技术 3-2-5】母本去雄

在玉米种子生产中,通过对母本去雄,让母本接受父本的花粉完成受精,才能在母本植株上得到杂交种子。去雄是屏蔽自交得到杂交种的一个关键技术。

①去雄的要求。一是要及时,即在母本的雄穗散粉之前必须去掉,通常是在母本雄穗刚露出顶叶而尚未散粉前就及时拔除,做到一株不漏;二是要彻底,即母本雄穗抽出一株就去掉一株,直到整个地块母本雄穗全部拔除为止;三是要干净,即去雄时要将整个雄穗全部拔掉,不留分枝,同时对已拔除的雄穗及时移到制种田外,妥善处理,避免散粉。

②去雄的方法。主要有摸苞去雄法和带顶叶去雄法。摸苞去雄法,是在母本雄穗还没有发育成熟时就将雄穗苞拔掉;带顶叶去雄法,是在顶叶包着雄穗包,雄穗还没有成型时就提前连顶叶一起去除掉,带顶叶去雄法因伤及顶叶,对产量有一定的影响。

③去雄时间的把握很重要。在抽雄的初期,可以隔天进行一次去雄,在盛花期和抽雄后期,必须天天去雄。在抽雄末期,全控制区最后 5% 未去雄株,应一次性全部拔掉,完成去雄工作,以免剩余雄花导致串粉。

【操作技术 3-2-6】人工辅助授粉

通过人工辅助自然授粉,可以提高结实率,以生产出更多的杂交种。一般是在盛花期每天上午 8~11 时进行,连续进行 2~3d 反复授粉。当父母本未能很好地在花期相遇时,利用人工辅助授粉,可以较好地帮助母本接受花粉完成受精而结实。授粉结束以后,要清除父本行,以便于制种田充分地通风、透光,提高制种产量。

【操作技术 3-2-7】花期不遇的处理

①剪断母本雌穗苞叶。如果母本开花晚于父本,剪去母本雌穗苞叶顶端 3cm 左右,可使母本提前 2~3d 吐丝。提早去雄也有促进雌穗提早吐丝的作用。

②剪母本花丝。若父本开花晚于母本,花丝伸出较长,影响花丝下端接受花粉,应剪短母本花丝,保留 1.5cm 左右,可以延长母本的授粉时间,便于授粉。否则将导致雌穗半边不实,使得杂种产量降低。

③从预设采粉区采粉。在制种田边单设一块采粉区,将父本分期播种,供采粉用,以保证母本花期有足够的花粉参与授粉。

④变正交为反交。若父本散粉过早(达 5~7d),将父、母本互换,达到正常授

粉。但由于互换后母本行数减少,制种产量会降低。

【操作技术 3-2-8】分收分藏

先收父本行,将父本行果穗全部收获并检查无误后,再收母本行。母本行收获的种子就是杂交种子。父本行收获的种子不可作为下年制种的亲本。

父、母本必须严格分收、分运、分晒、分藏,避免机械混杂。北方应在结冻前,对果穗进行自然风干和人工干燥处理,以避免因种子含水量过高而产生种子冻害。人工干燥以烘果穗较好,一般不要进行籽粒烘干。脱粒后入库前需进行种子筛选,去除破粒、瘪粒等劣质种子,装袋时要在袋内外都保留标签,同时登记建档保存。并定期检查种子的纯度和净度,以及含水量变化情况,确保种子安全储藏。

2. 玉米三系配套生产玉米杂交种

玉米三系是指玉米雄性不育系、雄性不育保持系和雄性不育恢复系,三系配套生产玉米杂交种,在生产上早已得到广泛使用。美国在 20 世纪 50 年代利用 T 型质核互作雄性不育系实现了三系配套,并生产出杂交种。三系配套中的雄性不育系就是指质核互作型雄性不育系。

(1)三系配套与杂交种子生产

三系配套生产玉米杂交种,需要建立两个隔离区,一个区进行杂交种生产,根据不育系和恢复系品种特点,按一定行比种植不育系和恢复系,花期用不育系作母本,接受恢复系的部分花粉,在不育系上收获杂交种子,即是生产上使用的杂交种。恢复系自交得到的种子仍然是恢复系种子。另一个区用于繁殖不育系,种植不育系和保持系,不育系作母本,接受保持系的部分花粉,在不育系上收获的种子就是不育系,用于下年制种。

(2)三系杂交种高产措施

首先需要筛选不育系和恢复系的配合力,三系制种亲本的配合力没有人工去雄亲本配合力高,杂种优势受到一定影响而降低。通过人为筛选高配合力的不育系和恢复系,能有效提高杂交种的杂种产量和杂种优势;同时可以通过提高制种区的栽培技术、人工控制杂草、病虫害、提高肥水管理水平等栽培措施来提高三系杂交种产量。

（3）不育系的保留与持续保纯技术

不育系通过在不育系繁殖区的繁殖，得以保留下来，以备来年继续供制种使用。不育系的生产面积和不育系的产量，取决于第二年制种规模。通过加大不育系的行比，配以适当的肥水管理和人工授粉提高结实率等，可以较大地提高不育系的产量，同时要严格地去杂去劣，确保不育系能连年保纯和连续多年反复使用。

二、油菜种子生产技术

（一）油菜种子生产的生物学特性

油菜遗传基础比较复杂。油菜是十字花科（Cruci ferae）芸薹属（Brassica）中一些油用植物的总称。迄今，在世界上和我国各地广泛栽培的主要油菜品种，按其农艺性状和分类学特点可以概括为白菜型（Brassica campestris L.）、芥菜型（B. juncea Coss.）、甘蓝型（B. napus L.）三大类型。根据国内外学者的研究，白菜油菜为基本种（染色体数 $2n=20$，染色体组型为 AA），其余二者为复合体。

1.花器构造

油菜为雌雄同花的总状花序。每朵花由花萼、花冠、雌蕊、雄蕊和蜜腺 5 部分组成。花萼 4 片，外形狭长，在花的最外面。花冠黄色，在花萼里面一层，由 4 片花瓣组成，基部狭小，匙形，开花时 4 片花瓣相交呈"十"字形（图 3-4）。

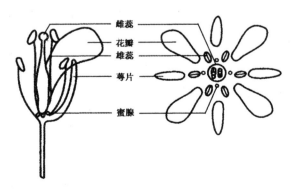

图 3-4　油菜花花器构造

花冠内有雄蕊 6 枚,四长两短,称为四强雄蕊,雄蕊的花药 2 室,成熟时纵裂。雌蕊位于花朵的中央,由子房、花柱和柱头 3 部分组成。柱头呈半圆球形,上有多数小突起,成熟时表面分泌黏液,花柱圆柱形;子房膨大呈圆筒形,由假隔膜分成两室,内有胚珠。蜜腺位于花朵基部,有 4 枚,呈粒状,绿色,可分泌蜜汁供昆虫采蜜传粉。

2. 开花习性

油菜从抽薹至开花需 10~20d。油菜的开花顺序是:主轴先开,然后第一分枝开放到第二分枝,第三分枝依次开放,而主轴及分枝的开花顺序是由下而上依次开放。每天开花时间一般从上午 7:00 到下午 5:00,以上午 9:00~10:00 开花最多。每朵花由花萼开裂到花瓣全展相交呈“十”字形需 24~30h,从始花至花瓣、雄蕊枯萎脱落需 3~5d,授粉后 45min 花粉粒发芽,18~24h 即可受精。油菜花粉的受精力可保持 5~7d,雌蕊去雄后 3~4d 受精力最强,5d 后减弱,7~9d 丧失受精能力。

(二)油菜杂交种子生产技术

目前油菜杂交种生产主要有 3 种途径:利用细胞质雄性不育系实行“三系”配套制种;利用雄性核不育系配制杂交种;利用自交不亲和系配制杂交种。

1. 利用细胞质雄性不育系配制杂交种

即利用雄性不育系,雄性不育保持系和雄性不育恢复系进行“三系”配套产生杂交种,是目前国内外的研究重点之一。如陕西的秦油 2 号和四川的蓉油系列、蜀杂 10 号等都是由“三系”配套产生的杂交种。

利用胞质雄性不育系生产油菜杂交种可分为 3 大部分工作。

【操作技术 3-2-9】三系亲本的繁殖

①油菜雄性不育系。雄性不育系简称不育系(A 系)。所谓雄性不育,是指雌雄同株,雄性器官退化,不能形成花粉或仅能形成无生活力的败育花粉,因而不能自交结实。在开花前雄性不育植株与普通油菜没有多大区别;开花后,不育系的雌蕊发育正常,能接受其他品种的花粉而受精结实;但其雄蕊发育不正常,表现为雄花败育短小,花药退化,花丝不伸长,雄蕊干瘪无花粉,套袋自交不结实。这种自交

不结实,而异交能够结实,且能代代遗传的稳定品系称为雄性不育系。

②油菜雄性不育保持系。雄性不育保持系简称保持系(B系)。能使不育系的不育性保持代代相传的父本品种称为保持系。用其花粉给不育系授粉,所结种子长出的植株仍然是不育系。保持系和不育系是同型的,它们之间有许多性状相似,所不同的是保持系的雄蕊发育正常,能自交结实。要求保持系花药发达,花粉量多,散粉较好,以利于给不育系授粉,提高繁殖不育系的种子产量。

③油菜雄性不育恢复系。雄性不育恢复系简称恢复系(C系)。恢复系是一个雌雄蕊发育均正常的品种,其花粉授在不育系的柱头上,可使不育系受精结实,产生杂种第一代(F_1)。F_1的育性恢复正常,自交可以正常结实。这种使不育系恢复可育,并使杂种产生明显优势的品种,即为该雄性不育系的恢复系。一个优良的恢复系,要具有稳定的遗传基础,较强的恢复力和配合力,花药要发达,花粉量要多,吐粉要畅,生育期尤其是花期要与不育系相近,以利于提高杂交种的产量。

④杂交油菜"三系"的关系。雄性不育系、保持系和恢复系,简称油菜的"三系"。"三系"相辅相成,缺一不可。不育系是"三系"的基础,没有雄性不育系,就没有培育保持系和恢复系的必要。没有保持系,不育系就难以传宗接代。不育系的雄性不育特性,能够一代一代传下去,就是通过保持系与不育系杂交或多次回交来实现的,其中细胞质是不育系本身提供的,而细胞核则是不育系和保持系共同提供的,两者的细胞核基本一致,因而不育系和保持系的核质关系没有改变,不育性仍然存在。杂种优势的强弱与不育系的性状优劣有直接关系,而不育系的性状又与保持系的优劣密切相关。所以,要选育好的不育系,关键是要选择优良的保持系,才能使不育系的不育性稳定,农艺性状整齐一致,丰产性好,抗性强。

同样,没有恢复系,也达不到杂种优势利用的目的。只有通过利用性状优良、配合力强的恢复系与不育系杂交,才能使不育系恢复可育,产生杂种优势,生产出杂交种子。保持系和恢复系的自交种子仍可作下一季的保持系和恢复系。油菜"三系"的关系如图3-5所示。

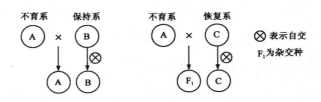

图 3-5　油菜"三系"的关系

【操作技术 3-2-10】油菜三系的提纯和混杂退化的防治

①油菜三系混杂退化的原因。目前,生产上大面积使用的杂交油菜主要是甘蓝型。生产上造成杂交油菜亲本"三系"及其配制的杂交种混杂退化的原因,主要有以下几个方面。

a.机械混杂。雄性不育"三系"中,质核互作不育系的繁殖和杂交制种,都需要两个品种(系)的共生栽培,在播种、移栽、收割、脱粒、翻晒、贮藏和运输等各个环节上,稍有不慎,都有可能造成机械混杂,尤其是不育系和保持系的核遗传组成相同,较难从植株形态和熟期等性状上加以区别,因而人工去杂往往不彻底。机械混杂是"三系"混杂和杂交种混杂的最主要原因之一。

b.生物学混杂。甘蓝型杂交油菜亲本属常异交作物,是典型的虫媒花,其繁殖、制种隔离难,容易引起外来油菜品种花粉和十字花科作物花粉的飞花串粉,造成生物学混杂。同时,机械混杂的植株在亲本繁殖和杂交制种中可散布大量花粉,从而造成繁殖制种田的生物学混杂。

c.自然变异及亲本自身的分离。在自然界中,任何作物品种都不同程度地存在着变异,尤其是环境条件对品种的变异有较大影响。据华中农业大学余凤群、傅廷栋研究认为,陕 2A 属无花粉囊型不育,花药发育受阻于孢原细胞分化期,当花药发育早期遇到高温或低温时,其角隅处细胞发育,或与稳定不育的相同,或与保持系相同,从而育性得到部分恢复,故有时会出现微量花粉,这是造成"秦油 2 号"混杂的重要原因之一。"三系"是一个互相联系、互相依存的整体,其中的任何一系发生变异,必然引起下一代发生相应的变异,从而影响杂交种的产量和质量。

②油菜三系混杂退化的防治措施。甘蓝型杂交油菜属常异花授粉作物,虫媒

花。繁殖亲本"三系"和配制杂交种时，隔离措施多以空间隔离为主，而空间隔离也不可能绝对安全。同时，"三系"亲本的遗传基因也不可能达到绝对纯合，昆虫媒介亦可能将一些隔离区以外的其他油菜品种花粉、其他十字花科作物花粉带进来，所以杂交一代种子总会有一定的不育株和混杂变异株产生。用此种纯度的种子进行大田生产，即使不会显著地降低产量，也会有一定的影响。因此，在杂交种用于大田生产时，主要是降低不育株率和提高恢复率。主要有以下几方面。

a. 苗床去劣。杂交油菜种子发芽势比一般油菜品种（系）强，出土早，而且出苗后生长旺盛，在苗床期一般要比不育株或其他混杂苗多长 1 片左右的叶子。可见，苗床期，当油菜苗长到 1~3 片真叶时，结合间苗，严格去除小苗、弱苗、病苗以及畸形苗等，是降低不育株率乃至混杂株率的一项简便有效的措施。

b. 苗期去杂去劣。油菜苗期，一般在越冬前结合田间管理，根据杂交组合的典型特征，从株型、直立匍匐程度、叶片、叶缘、茎秆颜色、叶片蜡粉多少、叶片是否起皱、缺刻深浅等方面综合检查，发现不符合本品种典型性状的苗，立即拔掉，力求将混杂其中的不育株、变异株等杂株彻底拔除。

c. 初花期摘除主花序。就某些组合而言，不育株的分枝比主轴较易授粉，结实率通常要高 5%左右。因此，在初花期摘掉不育株的主花序（俗称摘顶），以集中养分供应分枝，促进分枝生长。同时，摘掉主花序还可降低不育株的高度，便于授粉，可有效地提高不育株的结实率和单株产量。具体做法是，当主花序和上部 1~2 个分枝花蕾明显抽出，并便于摘除时进行，一般在初花前 1~2d 摘除为宜。

d. 利用蜜蜂传粉。蜜蜂是理想的天然传粉昆虫，在杂交油菜生产田中，利用蜜蜂传粉，能有效地提高恢复率，从而提高产量。蜂群数量可按每公顷配置 3~4 箱，于盛花期安排到位。为了引导蜜蜂采粉，可于初花期在杂交油菜田中采摘 100~200 个油菜花朵，捣碎后，在 1∶1 糖浆（即白糖 1kg 溶于 1kg 水中充分溶解或煮沸）中浸泡，并充分混合，密闭 1~2h，于早晨工蜂出巢采蜜之前，给每群蜂饲喂 100~150g，这种浸制的花香糖浆连续喂 2~3 次，就能达到引导蜜蜂定向采粉的目的，从而提高授粉效果。

【操作技术 3-2-11】杂交制种工作

　　杂交油菜制种,指以不育系为母本、恢复系为父本,按照一定的比例相间种植,使不育系接受恢复系的花粉,受精结实,生产出杂交种子。杂交油菜是利用杂种 F_1 的杂种优势,需要每年配制杂交种,制种产量高低和质量优劣直接关系到杂交油菜的生产和品种推广。

　　油菜的杂交制种受组合特性、气候因素、栽培条件等的影响,不同组合、不同地区的制种技术也不尽相同。现以"华杂 4 号"为例,介绍一般的杂交油菜高产制种技术。"华杂 4 号"系华中农业大学育成,母本为 1141A,父本为恢 5900。1998 年和 2001 年,分别通过湖北省和国家农作物品种审定委员会审定。在湖北省利川市,"华杂 4 号"的主要制种技术(陈洪波,王朝友,2000)如下。

　　①去杂除劣,确保种子纯度。

　　a. 选地隔离。选择符合隔离条件,土壤肥沃疏松,地势平坦,肥力均匀,水源条件较好的田块作为制种田。

　　b. 去杂去劣。去杂去劣,环环紧扣,反复多次,贯穿于油菜制种田的全生育过程,有利于确保种子纯度。油菜生长的全生育期共去杂 5 次,主要去除徒长株、优势株、劣势株、异品种株和变异株。一是苗床去杂。二是苗期去杂两次,移栽后 20d 左右(10 月下旬)去杂一次,去杂后应及时补苗,以保全苗,次年 2 月下旬再去杂一次。三是花期去杂,在田间逐行逐株观察去杂,力求完全彻底。四是成熟期去杂,5 月上中旬剔除母本行内萝卜、白菜,拔掉翻花植株。五是隔离区去杂,主要是在开花前将隔离区周围 1000m 左右的萝卜、白菜、青菜、苞菜和自生油菜等十字花科作物全部清除干净,避免因异花授粉导致生物学混杂。

　　②壮株稀植,提高制种产量。及时开沟排水,防除渍害,减轻病虫害是提高油菜制种产量的外在条件,早播培育矮壮苗,稀植培育壮株是实现制种高产的关键。壮株稀植栽培的核心是在苗期创造一个有利于个体发育的环境条件,增加前期积累,为后期稀植壮株打好基础。

　　a. 苗床耕整与施肥。播前 1 周选择通风向阳的肥沃壤土耕整 2~3 次,要求土壤细碎疏松,表土平整,无残茬、石块、草皮,干湿适度,并结合整地施好苗床肥,每

667m² 施磷肥 8kg、钾肥 2kg、稀水粪适量。

b. 早播、稀播、培育矮壮苗。9 月上旬播种育苗,苗床面积按苗床与大田 1∶5 设置,一般父、母本同期播种。播种量为 667m² 大田定植 6000 株计。在三叶期,每 667m² 大田苗床用多效唑 10g,兑水 10kg 喷洒,培育矮壮苗。

c. 早栽、稀植,促进个体健壮生长。早栽、稀植,有利于培育冬前壮苗,加大油菜的营养体,越冬苗绿叶数 13～15 片,促进低位分枝,提高有效分枝数和角果数,增加千粒重;促进花芽分化,实现个体生长健壮、高产的目的。要求移栽时,先栽完一个亲本,再栽另一个亲本,同时去除杂株,父母本按先栽大苗后栽小苗的原则分批、分级移栽,移栽 30d 龄苗,在 10 月上旬移栽完毕。一般 667m² 母本植苗 4500 株,单株移栽,父本植苗 1500 株,双株移栽,父、母本比例以 1～3 为宜,早栽壮苗,容易返青成活,可确保一次全苗。同时,可在父本行头种植标志作物。

d. 施足底肥,早施苗肥,必施硼肥。在施足底肥(农家肥、氮肥、磷肥和硼肥)基础上,要增施、早施苗肥,于 10 月中旬每 667m²,用 1500kg 水粪加碳铵 15kg 追施,以充分利用 10 月下旬的较高气温,快长快发;年前施腊肥(碳铵 10kg/667m²),同时要注意父本的生长状况,若偏弱,则应偏施氮肥,促进父本生长。甘蓝型双低油菜对硼特别敏感,缺硼往往会造成“花而不实”而减产,因此在底肥施硼肥基础上,在抽薹期,当薹高 30cm 左右时,每 667m² 喷施 0.2% 的硼砂溶液 50kg。

e. 调节花期。确保制种田父母本花期相遇是提高油菜制种产量和保证种子质量的关键。杂交油菜华杂 4 号组合,父、母本花期相近,可不分期播种,但生产上往往父本开花较早(一般比母本早 3～6d),谢花也较早,为保证后期能满足母本对花粉的要求,可隔株或隔行摘除父本上部花蕾,以拉开父本开花时间,保证母本的花粉供应。

f. 辅助授粉,增加结实。当完成去杂工作后,盛花期可采取人工辅助授粉的方法,以提高授粉效果,增加制种产量。人工辅助授粉,可在晴天上午 10:00 至下午 2:00 进行,用竹竿平行行向在田间来回缓慢拨动,达到赶粉、授粉的目的。

g. 病虫害防治。油菜的产量与品质、品质与抗逆性均存在着相互制约的矛盾,一般双低油菜抗病性较差,因此应加强病虫害综合防治,制种地苗期应注意防治蚜虫、跳甲、菜青虫,蕾薹期应注意防治霜霉病,开花期应注意防治蚜虫、菌核病等。

③分级细打,提高种子质量,砍除父本。当父本完成授粉而进入终花期后,要及时砍除父本。砍完父本后,可改善母本的通风透光和水肥供应条件。这样,既可增加母本千粒重和产量,又可防止收获时的机械混杂,从而保证种子质量。

2.利用雄性核不育系配制杂交种

如川油 15、绵油 11 号等都是利用雄性核不育系配制的杂交种。

(1)雄性核不育系的特性及利用途径

雄性核不育系的不育性受核基因控制。在这类不育系的后代群体中,可同时分离出半数的完全雄性不育株和半数的雄性可育株;不育株接受可育兄妹株的花粉后,产生的后代又表现为半数可育和半数不育。可育的兄妹株充当了不育株的"保持系",而不育株与另一恢复系杂交又可以产生杂交种子。雄性核不育可分为显性核不育和隐性核不育两种形式。

(2)杂交种子生产技术

①雄性核不育系的繁殖。在严格隔离条件下,将从上代不育株上收获的种子种植,开花时标记不育株,让不育株接受兄妹可育株的花粉。成熟时收获不育株上的种子。

②利用雄性核不育系杂交制种。在隔离区内,种植核不育系(母本)和恢复系(父本自交系),父母本行比一般为 1∶(3~4)。播种时,在母本行头种植标记植物。进入初花期时,在母本行根据花蕾特征仔细鉴定各植株育性。将不育株摘心标记,同时尽快拔除全部可育植株。然后让不育株和恢复系自由授粉。同时做好父本的去杂工作。成熟后,将母本种子收获,即为杂交种子。恢复系在隔离条件下自交留种。

3.利用自交不亲和系配制杂交种

(1)油菜自交不亲和系的特性自交不亲和系是一种特殊的自交系。这种自交系雌雄发育均正常,但自交或系内株间授粉,不能结实或结实很少,但异系杂交授粉结实正常。因此可用自交不亲和系作母本,用其他自交系作父本来配制杂交种,即两系法制种;也可选育自交不亲和系的保持系和恢复系,实行三系配套。

（2）自交不亲和系生产杂交种子的技术环节（两系法）

①自交不亲和系的繁殖。自交不亲和系的繁殖方法是剥蕾自交授粉。因为自交不亲和系自交不亲和的原因是，当花朵开放时，其柱头表面会形成一个特殊的隔离层，阻止自花授粉。但这个隔离层在开花前2~4d的幼蕾上尚未形成，因此可采用人工剥蕾方法，在临近开花时剥开花蕾，将同一植株或系内植株已开放花朵的花粉授在剥开的花蕾上，就可自交结实，使自交不亲和系传宗接代。

②父本繁殖。在父本自交系区内，选择部分典型植株套袋自交或系内植株授粉，收获的种子作为下年父本繁殖区的原种；其余植株去杂去劣后，作为下年制种区的父本种子。

③杂交制种。制种区，父母本按1∶1或1∶2的行比种植，在母本行上收获的种子即为生产上使用的杂交种。

（三）油菜常规品种种子生产技术

【操作技术3-2-12】建立良种生产基地

①油菜良种基地条件。油菜良种生产基地必须具有良好的隔离条件，特别要防止生物学混杂。因此，在繁育油菜良种时，油菜品种间及甘蓝型和白菜型两大类型间均不能相互靠近种植，以免"串花"发生混杂退化。同时，也不能与小白菜、大白菜、红油菜、瓢儿菜等类十字花科蔬菜靠近种植，但与芥菜型油菜和结球甘蓝、球茎甘蓝、萝卜无须严加隔离，一般不致发生天然杂交。

②油菜良种基地要求。油菜基地还要求土层深厚、土壤肥沃、地势向阳、背风、灌排方便，以利生长发育，充分发挥优良性状，提高产量和种子品质。特别是要合理安排繁殖基地的轮作，凡在近2~3年内种植过非本繁殖品种的油菜田，或种植过易与之发生杂交的其他十字花科作物的田地，都不宜做繁殖基地及育苗地，以防止残留于土壤中的种子出苗，长成自生油菜，混入繁殖品种中，造成混杂和发生天然杂交。

③油菜良种基地面积。生产基地的面积则应随供种面积大小、播种量多少及基地的生产水平而定，即

$$生产基地面积(hm^2) = \frac{供种面积(hm^2) \times 每公顷播种量(kg)}{生产基地预计每公顷产量(kg)}$$

【操作技术 3-2-13】隔离保纯

油菜良种繁殖,必须采取有效的隔离措施。隔离保纯方法大致可分为自然的和人工的两大类。

①自然隔离。包括空间隔离和时间隔离。这种方法简便易行,效果良好,繁殖规模大,获得种子数量多。

a.空间隔离。油菜自然杂交率高低与相隔距离远近呈负相关。油菜品种群体的芥酸含量高低与相隔距离远近呈负相关。

油菜良种繁殖隔离的远近,随繁殖的品种类型、隔离对象和当地的生态条件而定。繁殖甘蓝型油菜时,与其他品种相隔 600m,与白菜型油菜相隔 300m,即可基本上达到防杂保纯的目的,而与异种、异属的芥菜型油菜、萝卜、球茎甘蓝和结球甘蓝等,一般不会发生天然杂交,无须隔离。如果在有山坡、森林、河滩、江湖等地作物作屏障时,则相隔距离还可较短。

b.时间隔离。这是一种调节播期,错开花期而达到保纯目的的隔离方法。我国主要油菜品种和其他十字花科作物,一般都是在 3 月底至 4 月上中旬开花。若将油菜移在早春季节播种,即可推迟到 4 月中旬以后开花,错过秋播油菜的花期。据四川省农业科学院作物栽培育种研究所(1980)在成都观察,甘蓝型油菜中晚熟品种、中熟品种、早熟品种和白菜型油菜品种,于 2 月中旬左右播种,均能在 4 月中下旬开花,5 月底至 6 月初成熟。这种方法不仅能达到防杂保纯的目的,而且也能获得较高的产量。据中国农业科学院油料作物研究所试验,在 2 月中旬播种的油菜,每公顷种子产量可达 1125~1500kg。如果辅之以前后期摘除花蕾,时间调节性更大。

②人工隔离。这种方法的人为控制性强,但规模小。一般有以下 3 种隔离方式。

a.纸袋隔离。一般采用 30~50cm 长,15~17cm 宽的方形硫酸纸(或半透明纸)袋,在初花时套在主花序和上部 2~3 个一次分枝花序上,以后每隔 2~3d 将袋向上提一次,以免顶破纸袋。直至花序顶部仅余少量花蕾未开放时取去纸袋。套袋前,需摘去已开的花朵。取袋时摘去正开的花朵和花蕾,并挂牌做标记。单株套袋隔离只适用于自交亲和率较高的甘蓝型和芥菜型油菜。白菜型油菜由于自交结实困难,应将相邻2~3个植株的部分花序拉拢聚集起来,套入同一袋中,并进行人工辅助授粉,以获得群体互交的种子。

套纸袋自交留种,由于控制严密,可以收到良好的保纯效果。据四川省农业科学院作物栽培育种研究所(1983—1985)对低芥酸油菜的保纯试验结果,套袋自交留种的芥酸含量为0.13%。比同等条件下,放任授粉的芥酸含量低7.51%。但因其繁殖种子的数量有限,一般只适用于育种材料(系)的保纯和繁殖。

b.罩、帐隔离。此种隔离是在油菜开花时套罩或挂帐,直至终花期取去。套罩、挂帐前应全部摘除正在开放的花和已结的果,以及取罩、帐时尚未凋谢的花和剩余的花蕾。罩、帐的大小随隔繁区的面积或植株多少而定,一般罩、帐高2m左右,宽约1.7m见方。此法能繁殖一定数量的种子,适用于油菜育种的品系保纯和繁殖原种。

罩、帐隔离的保纯效果与使用的罩、帐情况有着密切的关系。据板田修一郎(1943)测定结果,25.4mm内有20个孔眼的网罩,油菜杂交率为7.5%,25.4mm内有40个孔眼的网罩,杂交率则下降为3.4%。杂交率随网罩孔的缩小而减小。又据四川省农业科学院作物栽培育神研究所(1983—1984)对不同隔离用具与油菜芥酸保纯关系的试验结果,在一定范围内,尼龙网的目数对油菜品种芥酸保纯作用的大小呈负相关,即尼龙网的目数愈多,芥酸含量愈低,50~60目的尼龙网与棉纱布的保纯作用相接近,比未隔离种子的芥酸含量明显减少。

各地应当使用何种类型的网罩、帐,应视当地具体情况而定。例如,在油菜花期气候温和、少雨、空气较干燥的地区,以用棉纱布罩、帐隔离较好;而在高温、多雨、空气湿度大的地区,则以采用尼龙网罩、帐较为适当。

c.网室隔离。一般以活动网室为宜,初花时安装在需要隔离的油菜地上,终花后拆除存放室内。网室的大小随需要的种子数量而定,可以小在数平方米,大至数百、数千平方米以上。这种方法隔离的油菜生长正常,又便于去杂去劣,且可以获得较大数量的合格种子,但种子的生产成本较高。

三、高粱种子生产技术

(一)高粱种子生产的生物学特性

1. 高粱的花和花序

高粱的花序属于圆锥花序。着生于花序的
小穗分为有柄小穗和无柄小穗两种。无柄小穗
外有 2 枚颖片,内有 2 朵小花,其中一朵退化,另
一朵为可育两性花,有一外稃和内稃,稃内有一
雌蕊柱头分成二羽毛状,3 枚雄蕊。有柄小穗位
于无柄小穗一侧,比较狭长。有柄小穗亦有 2 枚

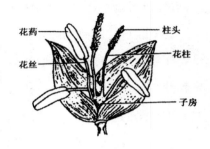

图 3-6　高粱花器构造

颖片,内含 2 朵花,一朵完全退化,另一朵只有 3 枚雄蕊发育的单性雄花(图 3-6)。

2. 开花习性

高粱圆锥花序的开花顺序是自上而下,整个花序开花 7d 左右,以开花后 2~3d
为盛花期。多在午夜和清晨开花,开花最适宜温度为 20℃~22℃,湿度在 70%~
90%。开花速度很快,稃片张开后,先是羽毛状的柱头迅速突出露于稃外,随即花
丝伸长将花药送出稃外,花药立即开裂,散出花粉。每个花药可产生 5000 粒左右
的花粉粒。开花完毕,稃片闭合,柱头和雄蕊均留在稃外,一般品种每朵花开放时
间 20~60min。由于稃外授粉,雌蕊多接受本花的花粉,也可接受外来花粉,天然异
交率较高,一般为 5%以上,最高可达 50%。

3. 授粉和受精

从花药散出的成熟花粉粒,在田间条件下 2h 后花粉萌发率显著下降,4h 后花
粉就渐渐丧失生活力。有人观察高粱开花后 6d 仍有 52%的柱头具有结实能力,开
花后 14d 则降到 4.5%,17d 以后则全部丧失活力。花粉落到柱头上 2h 后卵细胞
就可受精。

(二)高粱杂交种子生产技术

高粱花粉量大，秆外授粉，雌蕊柱头生活力维持时间长，这些特点对搞好杂交高粱制种是很有利的。这也是"三系"商品化利用的基础。

【操作技术 3-2-14】隔离区设置

由于高粱植株较高，花粉量大且飞扬距离较远，为了防止外来花粉造成生物学混杂，雄性不育系繁殖田要求空间隔离 500m 以上，杂交制种田要求 300~400m。如有障碍物可适当缩小 50m。

【操作技术 3-2-15】父母本行比

在恢复系株高超过不育系的情况下，父母本行比可采用 2∶8、2∶10、2∶20。

高粱雄性不育系常有不同程度小花败育问题，即雌性器官也失常，丧失接受花粉的受精能力。雄性不育系处于被遮阳的条件下，会加重小花败育的发生。因此，加大父母本的行比，可减少父本的遮阳行数，从而可减轻小花败育发生，也有利提高产量。

【操作技术 3-2-16】花期调控

①不育系繁殖田。根据高粱的开花习性，在雄性不育系繁殖田里，母本花期应略早于父本，要先播母本，待母本出苗后，再播父本保持系，这样就可以达到母本穗已到盛花期，父本刚开花。这主要是因为雄性不育系是一种病态，不育系一般较其保持系发育迟缓。

②制种田播种期确定。在杂交制种田里，调节好父母本播期和做好花期预测是很必要的。因为目前我国高粱杂交种组合，父母本常属不同生态类型，如母本为外国高粱 3197A、622A、黑龙 A 等，父本恢复系为中国高粱类型或接近中国高粱。而母本为中国高粱类型如矬巴子 A、黑壳棒 A、2731A 等，父本恢复系为外国高粱类型或接近外国高粱类型。由于杂交亲本基因型的差异较大，杂种优势较高。但是，对同一外界环境条件反应不同，特别是高粱为喜温作物，对温度十分敏感。为了确保花期相遇良好，并使母本生长发育处于最佳状态，在调节亲本播期时，要首先确定母本的最适播期，并且一次播完，然后根据父母本播种后到达开花期的日数，来调节父本播期，并且常将父本分为两期播种，当一期父本开花达盛花期，二期父本

刚开花,这样延长了父本花期,会使母本充分授粉结实。

③花期调节。如果遇到干旱或低温等气候异常的年份,虽按规定播期也会出现花期相遇不好。在这种情况下,为了及时掌握花期相遇动态,进行花期预测是必要的,特别是对新杂交组合进行制种时,花期预测就更为必要了。最常用的方法是计数叶片和观察幼穗。母本应较父本发育进程早 1~2 片叶。

观察幼穗法:主要是比较父母本生长锥的大小和发育时期来预测花期,一般以母本的幼穗比父本大 1/3~1/2 的程度,花期相遇较好。

经预测,发现有花期不遇的危险时,应采取调节措施。早期发现可对落后亲本采取偏水偏肥和中耕管理等措施加以促进。后期发现以采取喷施赤霉素或根外喷施尿素、过磷酸钙为好,可加快其发育速度。

【操作技术 3-2-17】去杂去劣

去除杂株包括在雄性不育系繁殖田中去杂和在杂交制种田中去杂。为保证母本行中植株 100% 是雄性不育株,一定要在开花前把雄性不育系繁殖田和杂交制种田母本行中混入的保持系植株除尽。混入的保持系株,可根据保持系与不育系的区别进行鉴别和拔除,一般保持系穗子颜色常较不育系浓些。开花时保持系花药鲜黄色,摇动穗子便有大量花粉散出,而不育系花粉为白色,不散粉。保持系颖壳上黏带的花药残壳大而呈棕黄色,不育系残留花药呈白色,形似短针。

父母本行都要严格去杂去劣,分 3 期进行。苗期根据叶鞘颜色、叶色及分蘖能力等主要特征,将不符合原亲本性状的植株全部拔掉;拔节后根据株高、叶型、叶色、叶脉颜色以及有无蜡质等主要性状,将杂、劣、病株和可疑株连根拔除,以防再生;开花前根据株型、叶脉颜色、穗型、颖色等主要性状去杂,特别要注意及时拔除混进不育系行里的矮杂株。对可疑株可采用挤出花药的方法,观察其颜色和饱满度加以判断。

【操作技术 3-2-18】辅助授粉

进行人工辅助授粉,不仅可提高结实率,还可提高制种产量。授粉次数应根据花期相遇的程度决定,不得少于 3 次。花期相遇的情况愈差,辅助授粉的次数愈多。对花期不遇的制种田,可从其他同一父本田里采集花粉,随采随授,授粉应在上午露水刚干时立即进行,一般在上午 8~10 时。

【操作技术 3-2-19】及时收获

要适时收获,应在霜前收完。父母本先后分收、分运、分晒、分打。

另外,在细胞和组织培养上,运用单倍体和细胞变异体等培养技术,我国已经先后选育出一批高粱优良品系。

(三)高粱杂交亲本防杂保纯技术

1.退化的原因

我国目前种植的高粱多是杂交高粱,杂交高粱是最先采用"三系"制种的作物。

高粱杂交亲本在长期的繁殖和制种过程中,由于隔离区不安全造成生物学上的混杂,或是由于在种、收、脱、运、藏等工作中不细致,造成机械混杂,或是由于生态条件和栽培方法的影响,造成种性的变异等,使杂交亲本逐年混杂退化。表现为穗头变小,穗码变稀,籽粒变小,性状不一,生长不整齐等,从而严重影响了杂交种子质量,杂交种的增产效果显著下降。

2."三系"提纯技术

不育系、保持系、恢复系的种子纯度决定高粱杂交种能否获得显著增产效果。高粱"三系"提纯方法较多,一般常用的有"测交法""穗行法"提纯,这里重点介绍"穗行法"提纯。

(1)不育系和保持系的提纯

第 1 年:抽穗时,在不育系繁殖田中选择具有典型性的不育系(A)和保持系(B)各 30 穗左右套袋,A 和 B 分别编号。开花时,按顺序将 A 和 B 配对授粉,即 A_1 和 B_1 配对,A_2 和 B_2 配对等。授粉后,再套上袋,并分别挂上标签,注明品系名和序号。成熟时,淘汰不典型的配对,入选优良的典型"配对",按单穗收获,脱粒装袋,编号。A 和 B 种子按编号配对方式保存。

第 2 年:上年配对的 A 和 B 种子在隔离区内,按序号相邻种成株行,抽穗开花和成熟前分 2 次去杂去劣。生育期间仔细观察,鉴定各对的典型性和整齐度。凡是达到原品系标准性状要求的各对的 A 和 B,可按 A 和 A,B 和 B 混合收获,脱粒,所收种子即是不育系和保持系的原种,供进一步繁殖用。

(2)恢复系的提纯

第1年:在制种田中,抽穗时选择生长健壮、具有典型性状的单穗20穗,进行套袋自交,分单穗收获、脱粒及保存。

第2年:将上年入选的单穗在隔离区内分别种成穗行。在生育期间仔细观察、鉴定,选留具有原品系典型性而又生长整齐一致的穗行。收获时将入选穗行进行混合脱粒即成为恢复系原种种子,供下年繁殖用。

四、棉花种子生产技术

(一)棉花种子的生物学特性

1. 花器构造

棉花的花为单生、雌雄同花。雄蕊由花药和花丝组成,花丝基部联合成管状,称为雄蕊管,套在雌蕊花柱较下部的外面。雄蕊管上着生花丝,花丝上端生有花药,花药4室。

花药成熟后,将邻近开裂时,中间的分隔往往被酶解破坏,大致形成了一室。每一花药内,含有几十至100多个花粉粒。花粉粒呈圆粒球状,表面有许多刺突,使花粉易于被昆虫携带和附着在柱头上。雌蕊由柱头、花柱和子房等部分组成。柱头多是露出雄蕊管之外,柱头的表面中央覆盖一层厚的、长形而略尖的单细胞毛,柱头上不分泌黏液,是一种干柱头。花柱下部为子房,子房发育成棉铃,子房3~5室,每室中有7~11个胚珠,受精后,胚珠发育成种子。从棉花的花器构造及花粉和柱头的特点可以看出,棉花是以自花授粉为主,经常发生异花授粉,具有较高的天然异交率,一般可达20%,是典型的自花授粉作物和异花授粉作物的中间型(图3-7)。

花瓣
柱头
花柱
雄蕊管
雄蕊
花萼
胚珠
子房
苞叶
花柄

图3-7　棉花花器构造

2. 开花习性

棉花开花有一定顺序,由下而上,由内而外,沿着果枝呈螺旋形进行。一般情况下,相邻的果枝,同位置的果节,开花时间相隔2~4d。同一果枝相邻的果节,开花时间相隔5~8d。这种纵向和横向各自开花间隔日数的多少,与温度、养分和植株的长势有关。温度高、养分足、长势强,间隔的日数就少些;反之,间隔的日数就多些。

就一朵花来说,从花冠开始露出苞叶至开放经12~14h,一般情况下,花冠张开时,雌雄两性配子已发育成熟,花药即同时开裂散粉。

3. 受精过程

成熟的花粉在柱头上,经1h左右即开始萌发,生出花粉管,沿着花柱向下生长,这时营养核和生殖核移向花粉管的前端,同时生殖核又分裂成为2个雄核。其中一个雄核与卵核融合,成为合子;另一个雄核与2个极核融合,产生胚乳原细胞。这个过程就是双受精。棉花从授粉到受精结束,一般需要30h,而花粉管到达花柱基部只需要8h左右,进入胚珠需24h左右。

(二)棉花原种种子生产技术

原种生产是防杂保纯以及提纯的重要措施,是保证棉花种子生产质量的基本环节。三年三圃制是棉花原种生产的基本方法。根据选择和鉴定方式可分为两种方法。

1. 自由授粉法

在适当隔离的情况下,让选择田的棉花自由授粉,进行单株选择和株行(系)

鉴定。方法如下。

【操作技术 3-2-20】单株选择

①棉田选择。单株选择是原种生产的基础,它的质量好坏直接影响原种生产的整个过程。因此,选择单株应在地力均匀、栽培管理适时、生育正常、生长整齐、纯度高、无黄枯萎病的棉田进行。

②田间选择时期。分两次进行,第一次是花铃期,根据株型、铃型、叶型,在入选棉株上用布条或标牌做标记。选株时应首先看铃型,如铃型明显改变,其他性状也会相应改变,这是重要的形态性状。其次是看株型、株式和叶型,如枝节间长短和叶片缺刻深浅及皱褶大小等。最后看主茎上部茸毛和苍叶等特点。在典型性符合要求的基础上,选铃大、铃多、结铃分布均匀、内围铃多、早熟不早衰的无病健壮株。第二次复选是在吐絮后收花前进行。在第一次初选的基础上,用"手扯法"粗略检查纤维长度,用"手握法"检查衣分高低,同时观察成熟早晚和吐絮情况,以决定取舍。淘汰的单株将初选的记号去掉,当选的挂牌。当全株大部分棉铃已经开裂时,即可收获。先收当选株的花,再收大田花。收后及时晒干,待室内考种决定取舍。

③室内考种项目有籽棉重量和绒长。每一单株随机取出完全籽棉 5 瓣,每瓣中取中部籽棉 1 粒,用分梳法进行梳绒,用切剖法测出纤维长度,平均后求出该株纤维长度,以毫米表示。再数 100 粒籽棉称重乳成皮棉,称出皮棉重量,100 粒籽棉上的皮棉重(g)称为衣指,百粒籽棉重量减去衣指剩下来的籽重称为籽指。最后再将袋中剩下的籽棉乳成皮棉,得出这 1 株花的衣分,并计算出纤维整齐度及异型籽的百分率。根据考种结果,结合本品种典型的特征特性标准进行决选。当选单株的种子要妥善保管,以备下年播种用。

④当选单株的数量要根据下年株行圃的面积而定,一般 667m² 株行圃约需当选 5 铃以上的单株 120 个。

【操作技术 3-2-21】建立株行圃

株行圃是在相对一致的培育条件下,鉴定上年当选单株遗传性的优劣,从中选出优良株行。因此,应选用肥力均匀、土质较好、地势平坦、排灌良好的地块。把上年当选的单株,每株点播 1 行,每隔 9 行点播 1 行对照(本品种原种),行长 10m,行距 60～70cm,株距 30～40cm,间苗后留单株。

整个生育期都要认真进行田间观察,重点是 3 个时期。苗期观察出苗早晚、整齐度、生长势。花铃期观察株型、叶型、铃型、生长势、整齐度。典型性差、生长势差、整齐度不如对照或 1 行中有 1 株是杂株的行均应淘汰。吐絮期着重看丰产性,如铃的多少、大小、分布等,并注意对铃型、叶型、株型的复查。在吐絮后期,本着典型性与丰产性相结合的原则,做出田间总评。

凡是不符合原品种典型性、有杂株的株行以及不如对照的株行一律淘汰,并在行端做好标记。收花前先收取中部 20～30 个棉铃籽棉作室内考种材料用,并及时收摘当选株行,1 行 1 袋,号码要相符。

收花完毕进行测产和室内考种,以丰产性、铃重、绒长、衣分等为主,参考籽指和纤维整齐度等决选出入选株行,分扎留种。株行圃的淘汰率一般在 30%～40%。

【操作技术 3-2-22】建立株系圃

将上年当选的株行种子,分别种成一小区,每小区 2～4 行,即成为株系。行长 15～20m,单株行距一般 60cm,株距 30cm 单株。生育期的调查同株行圃。凡是不符合原品种典型性及杂株率在 10% 以上的株系应予以淘汰。对田间入选的株系,经室内考种(同株行圃)后进行决选。入选的株系混合乳花、留种。株系入选率一般为 70%。

【操作技术 3-2-23】建立原种圃

将上年当选的株系的混合种子播种在原种圃,由原种圃繁殖的种子即为原种。

为扩大繁殖系数,可采用稀植点播或育苗移栽技术,加强田间管理。要注意对苗期、花期和铃期的观察,发现杂株立即拔除。然后将霜前正常花混收,专厂、专机轧花,确保种子质量。

另外,也可根据当地的实际情况,采用二圃制生产原种,其方法是略去三圃制中的株系圃一环节,将最后决选的株行种子混合播于原种圃即可。

2. 自交法

一个新育成的品种常常有较多的剩余变异,再加之有较高的天然异交率,很容易发生变异而出现异型株。如采用自交的方法选单株生产原种,可得到更好的选择效果。

【操作技术 3-2-24】选择圃

首先用育种单位提供的新品种原原种来建立单株选择圃,作为生产原种的基础材料,进行单株选择和自交。选择方法同自由授粉法,所不同的是,所选单株要强制自交,每个单株自交 15~20 朵花,并做标记。吐絮后选择优良的自交单株,每株必须保证有 5 个以上正常吐絮的自交铃。然后分株采收自交铃,装袋,注明株号及收获铃数。室内考种项目仍然是铃重、绒长、绒长整齐度、衣分、籽指等,最后决选。

【操作技术 3-2-25】株行圃

将上年入选的自交种子,按顺序分别种成株行圃,每个株行应不少于 25 株。其周围以该品种的原种作保护区。在生育期间,继续按品种典型性、丰产性、纤维品质和抗病性等进行鉴定,去杂去劣。与开花期在生长正常,整齐一致的株行中,继续选株自交,每个株行应自交 30 个花朵以上。吐絮后,分株行采收正常吐絮的自交铃,并注明株行号及收获铃数。经室内考种决选入选株行。

【操作技术 3-2-26】株系圃

上年入选的优良株行的自交种子,按编号分别种成株系。其周围仍用本品种的原种作保护区。在生育期间继续去杂去劣,并在每一株系内选一定数目单株进行自交。吐絮后,先收各系内的自交铃,分别装袋,注明系号。室内考种后决选,混合轧花留种繁殖,用这部分种子建成保种圃。另一部分自然授粉的棉株(铃),分系混收,经室内考种淘汰不良株系后,将入选株系混合轧花留种,即为核心种,供下一年基础种子田用种。保种圃建成后即可连年不断地供应核心种种植基础种子田。

【操作技术 3-2-27】基础种子田

选择生产条件好的地块,集中建立基础种子田,其周围应为该品种的保种圃或原种田。用上年入选株系自然授粉棉铃的混合种子播种。在蕾期和开花期去杂去劣,吐絮后,混收轧花保种即为基础种,作为下一年原种生产用种。

【操作技术 3-2-28】原种生产田

在适当隔离条件下,用上年基础种子田生产的种子播种,加强栽培管理水平,努力扩大繁殖系数,去杂去劣,收获后轧花留种即为原种。下年继续扩大繁殖后供给大田用种。

此法通过多代自交和选择,较容易获得纯合一致的群体,生产的原种质量高,生产程序也较简单。虽然人工自交费劳力,但不需要每年选大量单株分系比较,而且繁殖系数较高。

无论采用什么方法生产原种,首先决定于所选单株的质量,而选好单株的关键又在于能否十分熟悉品种的典型性和对正常棉株及混杂退化棉株的识别能力。

(三)棉花杂交种子生产技术

棉花杂种优势利用,可以使得杂交一代增产 10%~30%,同时对于改进棉纤维品质,提高抗逆性有明显作用。因此,通过生产棉花杂交种利用杂种优势是提高棉花产量、质量的新途径。

棉花杂交种生产,主要是利用"两用系"生产杂交种和人工去雄的方法生产杂交种。

1. 利用雄性不育系生产棉花杂交种

与正常可育株相比,棉花雄性不育株的花蕾较小,花冠小,花冠顶部尖而空,开花不正常,花丝短而小,柱头露出较长,花药空瘪,或饱满而不开裂,或很少开裂,花粉畸形无生活力。

美国从 1948 年开始选育细胞质雄性不育系和三系配套工作,1973 年获得了具有哈克尼亚棉细胞质的雄性不育系和恢复系。目前在利用棉花三系配制杂交种方面尚存在一些具体问题,如恢复系的育性能力低、得到的杂交种种子少、不易找到高优势的组合、传粉媒介不易解决等问题。因此棉花三系配套制种还未能在生产上大面积推广应用。

2. "两用系"杂交种子生产技术

是指利用棉花隐性核不育基因进行杂交种的生产。1972 年,四川省仪陇县原种场从种植的洞庭 1 号棉花品种群体中发现了一株自然突变的雄性不育株,经四川省棉花杂种优势利用研究协作组鉴定,表现整株不育且不育性稳定。确定是受一对隐性核不育基因控制,被命名为"洞 A"。这种不育基因的育性恢复基因广泛,与其血缘相近的品种都能恢复其育性,而且 F$_1$ 表现为完全可育。这种杂交种子生产技术在生产上已经具有一定规模的应用。

(1)两用系的繁殖

两用系的繁殖就是根据核不育基因的遗传特点,用杂合显性可育株与纯合隐性不育株杂交,后代可分离出各为 50% 的杂合显性可育株和纯合隐性不育株。这种兄妹杂交产生的后代中的可育株可充当保持系,而不育株仍充当不育系,故称之为"两用系"或"一系两用"。繁殖制种时,"两用系"混合播种,标记不育株,利用兄妹交(要辅助人工授粉),将不育株上产生的籽棉混合收摘、轧花、留种,这样的种子仍为基因型杂合的。纯合隐性不育株,可用于配制杂交种。

(2)杂交种的配制

隔离区的选择通过设置隔离区或隔离带,可以避免其他品种花粉的传入,并保证杂交种的纯度。棉花的异交率与传粉昆虫(如蜜蜂类、蝴蝶类和蓟马等)的群体密度成正比,与不同品种相隔距离的平方成反比。因此,要根据地形、蜜源作物以及传粉昆虫的多少等因素来确定隔离区的距离。一般来说,隔离距离应大于100m。如果隔离区内有蜜源作物,要适当加大隔离距离。若能利用山丘、河流、树林、村镇或高大建筑物等自然屏障作隔离,效果更好。

①父母本种植方式。由于在开花前要拔除母本行中 50% 左右的可育株,因此就中等肥力水平而言,母本的留苗密度应控制在每公顷 75000 株左右。父本的留苗密度为每公顷 37500~45000 株。父母本可以 1:5 或 1:8 的行比进行顺序间种。开花前全部拔除母本行中的雄性可育株。为了人工辅助授粉工作操作方便,可采用宽窄行种植方式。宽行行距 90cm 或 100cm,窄行行距 70cm 或 65cm。父、母本的种植行向最好是南北向,制种产量高。

②育性鉴别和拔除可育株。可育株和不育株可以通过花器加以识别。不育株的花一般表现为花药干瘪不开裂,内无花粉或花粉很少,花丝短,柱头明显高出花

粉管和花药。而可育株则表现为花器正常。拔除的是花器正常株。人工授粉棉花绝大部分花在上午开放。晴朗的天气,上午 8 时左右即可开放。当露水退后,即可在父本行中采集花粉或摘花,给不育株的花授粉。采集花粉,可用毛笔蘸取花粉涂抹在不育植株的柱头上。如果摘下父本的花,可直接在不育株花的柱头上涂抹。一般 1 朵父本花可给 8~9 朵不育株的花授粉,不宜过多。授粉时要注意使柱头授粉均匀,以免出现歪铃。为了保证杂交种饱满度,在通常情况下 8 月中旬应结束授粉工作。

③种子收获保存。为确保杂交种的饱满度和遗传纯度,待棉铃正常吐絮并充分脱水后才能采收。采摘时应先收父本行,然后采摘母本行,做到按级收花,分晒、分乳和分藏。由专人负责各项工作,严防发生机械混杂。

④亲本的提纯。杂种优势利用的一个重要前提就是要求杂交亲本的遗传纯度高,亲本的纯度越高,杂种优势越强。所以不断对亲本进行提纯是一项重要工作。首先是父本提纯。在隔离条件下,采用三年三圃制或二年二圃制方法繁育父本品种,以保持原品种的种性和遗传纯度。其次是"两用系"提纯技术。种植方式可采用混合种植法或分行种植法。分行种植法操作方便,它是人为地确定以拔除可育株的行作为母本行,以拔除不育株的行作为父本行。在整个生育期间,要做好去杂去劣工作。选择农艺性状和育性典型的不育株和可育株授粉,以单株为单位对入选的不育株分别收花,分别考种,分别乳花。决选的单株下一年种成株行,将其中农艺性状和育性典型的株行分别进行株行内可育株和不育株的兄妹交,然后按株行收获不育株,考种后将全部入选株行不育株的种子混合在一起,供繁殖"两用系"用。

无论是父本品种的繁殖田,还是"两用系"的繁殖田,都要设置隔离区,以防生物学混杂。

3. 人工去雄杂交种生产技术

由于棉花花器较小,雌雄同花,而且单株花数多,人工去雄以及杂交操作,容易导致花药和花丝受损,严重的甚至导致花器脱落。所以棉花人工去雄配制杂交种在实际生产中是有一定的难度的。只是与"两用系"杂交生产种子相比,人工去雄生产杂交种可以尽早地利用杂种优势,更能发挥杂交种的增产作用。

人工去雄杂交种生产,同样也需要进行隔离,以避免串粉和混杂,隔离方法和要求同以上所述。杂交时一朵父本花可以给母本 6~8 朵花授粉。因此,父本行不宜过多,以利于单位面积生产较多的杂交种。为了去雄、授粉方便,可采用宽窄行种植方式,宽行 100cm,窄行 67cm,或宽行 90cm,窄行 70cm。父、母本相邻行采用宽行,以便于授粉和避免收花时父母本行混收。

首先,开花前要根据父、母本品种的特征特性和典型性,进行一次或多次的去杂去劣工作,以确保亲本的遗传纯度。以后随时发现异株要随时拔除。开花期间,每天下午在母本行进行人工去雄。当花冠露出苞叶时即可去雄。去雄时拇指和食指捏住花蕾,撕下花冠和雄蕊管,注意不要损伤柱头和手房。去掉的蓓蕾带到田外以免第二次散粉。将去雄后的蓓蕾做标记,以便于次日容易发现进行授粉。每天上午 8:00 前后花蕾陆续开放,这时从父本行中采集花粉给去雄母本花粉授粉。

授粉时花粉要均匀地涂抹在柱头上。为了保证杂交种的饱满度和播种品质,正常年份应在 8 月 15 日前结率授粉工作,并将母本行中剩余的蓓蕾全部摘除。

其次,收获前要对母本行进行一次去杂去劣工作,以保证杂交种的遗传纯度。收获时,先收父本行,然后采收母本行,以防父本行的棉花混入母本行。要按级收花,分晒、分乳、分藏,由专人保管,以免发生机械混杂。

去雄亲本的繁殖,可以采取三年三圃制或二年二圃制方法生产亲本种子,同时采用必要的隔离措施,以保持亲本品种的农艺性状、生物学和经济性状的典型性及其遗传纯度,利于下季杂交种子的生产。

五、向日葵种子生产技术

(一)向日葵种子生产的生物学特性

向日葵(*Helianthus annus L.*)亦称葵花,菊科向日葵属。从染色体数目上可将它们分为二倍体种($2n = 34$)、四倍体种($2n = 68$)和六倍体种($2n = 102$)。从生长期上可分为一年生和多年生种,一般栽培向日葵都属于一年生二倍体种。在栽培向日葵中,按生育期可分为极早熟种(100d 以下)、早熟种(100~110d)、中熟种

（110～130d）和晚熟种（130d 以上）。按种子含油率及用途可分为食用型、油用型和中间型。

食用型品种种子含油率 20%～39%，油用型种子含油率 40% 以上，脂肪酸组成中含亚油酸 60% 以上，有的品种高达 70%，仅次于红花油。

我国向日葵杂交育种和杂种优势利用研究始于 20 世纪 70 年代，已经育成 40 多个杂交向日葵品种，目前在东北三省、内蒙古、山西、河北和新疆等地得到大规模种植。向日葵属于短日照作物。但一般品种对日照反应不敏感，特别是早熟品种更不敏感。只有在高纬度地区才有较明显的光周期反应。

向日葵（sunflower）的花密集着生于头状花序上，头状花序上的花轴极度缩短成扁盘状。花盘的形状因品种不同有凸起、凹下和平展 3 种类型。花盘直径一般可达 15～30cm。在花盘（花托）周边密生 3～5 层总苞叶，总苞叶内侧着生 1～3 圈舌状花瓣（花冠），称为舌状花或边花。花冠向外反卷，长约 6cm，宽约 2cm，尖顶全缘或三齿裂，多为黄色或橙黄色。无雄蕊，雌蕊柱头退化，只有子房，属无性花，不结实，但其鲜艳的花冠具有吸引昆虫传粉的作用。

在花盘正面布满许多蜂窝状的“小巢”，每个小巢由 1 个三齿裂苞片形成，其内着生 1 朵管状花。管状花为两性花，由子房、退化了的萼片、花冠和 5 枚雄蕊、1 枚雌蕊组成。子房位于花的底部，子房上端花基处有 2 片退化的萼片，夹着筒形的花冠，花冠先端五齿裂，内侧藏有蜜腺。雄蕊的 5 个离生花丝贴生于花冠管内基部，上部聚合为聚药雄蕊。一般 1 个花药内有 6000～12000 个花粉粒。雌蕊由 2 个心皮组成，雌蕊花柱由花药管中伸出，柱头羽状二裂，其上密生茸毛（图 3-8）。每个花盘上管状花的数量因品种和栽培水平不同而异，为 1000～1800 朵。

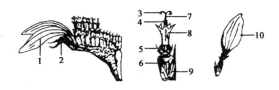

图 3-8　向日葵花器构造

1. 舌状花　2. 苞叶　3. 柱头　4. 雄蕊　5. 萼片　6. 子房

7. 花柱　8. 花冠　9. 托片　10. 舌状花瓣

　　当向日葵长出 8~10 片真叶时,花盘开始分化,此时若气温适宜,水肥供应充足,分化的花原基数量就较多,花盘就会大些。一般向日葵出苗后 30~45d 开始形成花盘,花盘形成后 20~30d 开始开花。在日均气温 20℃~25℃、大气相对湿度不超过 80%时,开花授粉良好。管状花开花的顺序是由外向内逐层开放,每日开放 2~4 轮,第 3~6d 的开花量最多,单株花盘的开花时间可以持续 8~12d。

　　管状花开花授粉全过程约需 24h。通常午夜后 1~3 时花蕾长高(主要是子房大幅度伸长),花冠开裂,3~6 时雄蕊伸出花冠之外,8 时以后开始散粉,散粉时间一直延续到下午 1~2 时,而以上午 9~11 时散粉量最多。柱头在雄蕊散粉高峰期伸至花药管口滞留一段时间,于午后 6:00~7:00 花柱恢复生长,柱头半露,入夜 10:00~12:00 裂片展开达到成熟,直到翌日上午开始接受花粉受精。一般向日葵柱头的生活力可持续 6~10d,在第 2~4d 生活力最强,受精结实率可达 85%以上。花粉粒的生活力在适宜的条件下可持续约 10d,但散出的花粉在 2~3d 内授粉结实率较高,以后授粉结实率显著下降。

　　向日葵开花授粉 30~40d 后进入成熟期,成熟的主要形态特征是:花盘背面呈黄色而边缘微绿;舌状花冠凋萎或部分花冠脱落,苞叶黄褐;叶片黄绿或枯萎下垂;种皮呈现该品种固有的色泽;子仁含水量显著减少。向日葵食用种的安全贮存含水量要求降到 12%以下,油用种要求降到 7%。

　　向日葵是典型的异花授粉作物,雄蕊伸出花冠 12h 以后雌蕊柱头才伸出,即雄蕊先熟,雌蕊后熟,同时生理上存在自交不亲和。

(二)向日葵种子生产技术

1.“三系”育种家种子生产方法

(1)不育系和保持系的育种家种子生产方法

【操作技术 3-2-29】选株套袋自交

将上年从育种家种子生产田中选留的保持系,按株行播种,群体不少于 1000 株,开花前选择 100 株套袋并人工自交,收获时单收单藏。

【操作技术 3-2-30】自交套袋繁殖

将上一年当选的保持系种子,按不育系与保持系 1∶1 比例种植,生育期间选择典型株套袋,用人工使不育系与保持系成对授粉。所得种子成对保存。

【操作技术 3-2-31】套袋隔离混繁

将上年成对保存的不育系种子与保持系种子按 2∶1 行比种植,将不育系与保持系之间性状典型一致、不育性稳定的株系入选,并从中选株套袋隔离,人工授粉。收获时将中选的保持系和不育系分别混合脱粒留种。

【操作技术 3-2-32】隔离区繁殖

将上年选留的种子在隔离区繁殖。隔离距离要达到 6000m。不育系与保持系采用 4∶2 或 6∶2 行比。开花前严格去杂去劣,并检查不育系是否有散粉株,如有,要立即割掉。开花期实行蜜蜂和人工辅助授粉。人工收获,不育系与保持系分别晾晒和贮藏。所得种子即为亲本不育系和保持系的育种家种子。

(2)恢复系的育种家种子生产方法

【操作技术 3-2-33】选株套袋自交

播种从恢复系育种家种子繁殖田选留的种子,群体不应少于 1000 株,生育期间选择符合该品种典型特征的 100~200 个植株套袋,人工授粉自交,收获前淘汰病劣盘,然后单盘单收、单藏。

【操作技术 3-2-34】育性株系鉴定

将上年收获的恢复系按株系播种,每系恢复系与不育系按 2∶1 行比播种。开花前选株分组,每组 3 株,1 株为不育系,另 2 株为恢复系,将其中 1 株(恢复系)去雄,即为去雄中性株,3 株花盘全部罩上纱布袋,以防止昆虫串粉。开花时用套袋不去雄的恢复系分别给不育系和去雄中性株授粉,收获时按组对应编号,单盘收获,单盘脱粒,然后从每组的恢复系自交种子中取出一部分种子,用于品质分析。

【操作技术 3-2-35】测验杂交种比较

将上一年入选的种子,即不育系与恢复系的测交种、去雄中性株与恢复系的测交种和恢复系自交种子,按组设区,各播种 1 行,生育期间进行恢复系纯度和恢复性鉴定。如果去雄中性株与恢复系的测交种行生育表现与恢复系相同,说明该恢复系是纯系,该小区的恢复系可套袋人工混合授粉留种。反之,若表现出明显的杂种优势,则说明该小区恢复系不纯,不能留种。开花期间观察不育系与恢复系的测交种行恢复率是否达到标准,如果经鉴定小区恢复性良好,优势显著,则该区恢复系可套袋人工混合授粉留种。反之,不能留种。最后根据品质分析、纯度及恢复性鉴定结果,把品质好、恢复性强的纯系选出,其套袋授粉种子全部留种。

【操作技术 3-2-36】混系繁殖

将上年选留的种子在隔离区繁殖,隔离距离要达到 5000m 以上,所得种子即为恢复系的育种家种子。

2. 原种种子生产方法

(1)品种和恢复系的原种生产原种是原原种种子直接繁殖出来的种子。原种生产田要选择地势平坦,土层深厚,土壤肥沃,排灌方便,稳产保收的地块,而且必须有严格的隔离措施,空间隔离距离要在 5000m 以上。采用时间隔离时,制种田与其他向日葵生产大田花期相错时间要保证在 30d 以上。生育期间严格去杂去劣,采用蜜蜂授粉并辅之以人工混合授粉。收获时人工脱粒,所产种子为原种。

(2)亲本不育系的原种生产在隔离区内不育系与保持系按适宜的行比播种,具体比例应根据亲本不育系种子生产技术规程,并结合当地的种子生产实践经验确定。对父本(保持系)行进行标记。生育期间严格去杂去劣,开花时重点检查母本行中的散粉株,发现已经散粉或花药较大,用手扒开内有花粉尚未散出者要立即掰下花盘,使其盘面向下扣于垄上,以免花粉污染。收获时先收父本行,然后收母本行,分别脱粒、分别贮藏,母本行上收获的种子即为不育系的原种。父本行上收获的种子即为保持系的原种。

3. 杂交种种子的生产技术

向日葵杂交制种具有较强的技术性,为了保证杂交种种子的质量,在杂交制种过程中必须注意以下几个环节:

【操作技术 3-2-37】安排好隔离区

为防止串花混杂,一般要求制种田周围 3000m 以内不能种植其他向日葵品种。制种田宜选择地势平坦,土层深厚,肥力中上,排灌方便,便于管理,且不易遭受人、畜危害的地块。制种田必须轮作,轮作周期 4 年以上。

【操作技术 3-2-38】规格播种

①按比例播种父母本。行比应根据父本的花期长短、花粉量多少、母本结实性能、传粉昆虫的数量和当地气候条件等来确定。一般制种区父、母本的行比以 1∶4 或 1∶6 较为适宜。

②调节播期。父、母本花期能否相遇是制种成败的关键。若父、母本生育期差异较大,要通过调节播种期使父、母本花期相遇,而且以母本的花期比父本早 2~3d,父本的终花期比母本晚 2~3d 较为理想。也可以采用母本正常播种,父本分期播种以延长授粉期。

【操作技术 3-2-39】花期预测和调节

调节父、母本播期是保证花期相遇的一种手段,但往往由于双亲对气候变化、土壤条件以及栽培措施等的反应不同,造成父、母本发育速度不协调,从而有可能出现花期不遇。为此,还须在错期播种的基础上,掌握双亲的生育动态,进行花期预测,并采取相应措施,最终达到花期相遇的目的。

①根据叶片推算花期。不同品种间向日葵的遗传基础不同,所以不同品种的总叶片数是有差异的。受栽培、气候等条件影响略有变化,但变化不大。一般从出苗到现蕾平均每日生长 0.7 片叶,品种间叶片数的差异主要是现蕾前生长速度不同造成的。结合父、母本的总叶片数,在生育期间通过观察叶片出现的速度来预测父、母本的花期是有效的。

②根据蕾期推算花期。向日葵从出苗到现蕾需要的日数,与品种特性和环境条件密切相关,一般为 35~45d。现蕾至开花约 20d。蕾期相遇,花期就可能相遇,所以根据蕾期来预测父、母本的花期也是有效的方法。

通过花期预测如发现花期不遇现象,就应采取补救措施。例如,对发育缓慢的亲本采取增肥增水、根外喷磷等措施促进发育。对发育偏早的亲本采取不施肥或少施肥、不灌水、深中耕等措施抑制发育。

【操作技术 3-2-40】严格去杂去劣

为了提高杂交种纯度和质量,要指定专人负责做好杂种区的去杂去劣工作。

要做到及时、干净、彻底。可分别在苗期、蕾期和开花期分 3 次进行。在开花前及时拔除母本行中的可育株,以及父、母本行中的变异株和优势株。父本终花后,应及时砍除父本。砍除的父本可作为青贮饲料。

【操作技术 3-2-41】辅助授粉

蜜蜂是杂交制种生产田的主要传粉昆虫,在开花期放养蜜蜂,蜂箱放置位置和数量要适宜,一般 3 箱/hm² 强盛蜂群为宜,蜂群在母本开花前的 2~3d 转入制种田,安放在制种田内侧 300~500m 处,在父本终花期后转出。若开花期遇到高温多雨季节或蜂群数量不足,受精不良的情况下,应每天上午露水散尽后进行人工辅助授粉,每隔 2~3d 进行一次,整个花期进行 3~4 次。可采用"粉扑子"授粉法,即用直径 10cm 左右的硬纸板或木板,铺一层棉花,上面蒙上纱布或绒布,做成同花盘大小相仿的"粉扑子"。授粉时一手握住向日葵的花盘颈,另一手用"粉扑子"的正面(有棉花的面)轻轻接触父本花盘,使花粉粘在"粉扑子"上,这样连续接触 2~3 次,然后再拿粘满花粉的"粉扑子"接触母本花盘 2~3 次。也可采用花盘接触法,即将父母本花盘面对面碰撞。人工辅助授粉操作时注意不能用力过大而损伤雌蕊柱头,造成人为秕粒。

【操作技术 3-2-42】适时收获

当母本花盘背面呈黄褐色,茎秆及中上部叶片褪绿变黄、脱落时,即可收获。父、母本严格分开收获,先收父本,在确保无父本的情况下再收母本。母本种子收获后,经过盘选可以混合脱粒,充分干燥,精选分级,然后装袋入库贮藏。

(三)向日葵品种防杂保纯

由于向日葵是异花授粉植物,以昆虫传粉为主,极易发生生物学混杂,所以在种子生产过程中要十分注意防杂去杂和保纯。向日葵的防杂保纯必须做好以下技术工作:

【操作技术 3-2-43】安全隔离防杂

向日葵是虫媒花,主要由昆虫特别是蜜蜂传粉。因此,向日葵隔离区的隔离距离都必须在蜜蜂飞翔的半径距离以上,如蜜蜂中的工蜂,通常在半径 2000m 以内活动,有时可飞出 4000m,有效的飞行距离约为 5000m,超过 5000m 之外即不能返回原巢。所以杂交制种田要求隔离距离为 3000~5000m,原种和亲本繁殖田隔离距离要达到 5000~8000m。在向日葵产区,若空间隔离有困难,也可采用时间隔离方法以弥补空间隔离的不足。为保证安全授粉,错期播种天数要保证种子生产田与其他向日葵田块花期相隔时间在 30d 以上。

【操作技术 3-2-44】坚持多次严格去杂

根据所繁殖良种或亲本的特性及在植株各个生育阶段的形态特征,在田间准确识别杂株。去杂应坚持分期多次去杂。

①苗期去杂。当幼苗出现 1~3 对真叶时,根据幼苗下胚轴色,并结合间苗、定苗,去掉异色苗、特大苗和特小苗。

②蕾期去杂。在 4 对真叶至开花前期是向日葵田间去杂的关键时期。在这一时期,植株形态特征表现明显,易于鉴别和去杂。可根据株高、株型、叶部性状(形状、色泽、皱褶、叶刻以及叶柄长短、角度等)等形态特征,分几次进行严格去杂。

③花期去杂。在蕾期严格去杂的基础上,再根据株高、花盘性状(总苞叶大小和形状,舌状花冠大小、形状和颜色等)和花盘倾斜度等形态特征的表现拔除杂株。但要在舌状花刚开,管状花尚未开放之时把杂株花盘摘掉,并使盘面向下扣于地上(因割下的花盘上的小花还能继续散粉),以免造成花粉污染。

④收获去杂。收获前根据花盘形状、倾斜度、籽粒的颜色、粒型等形态特征淘汰杂盘、病劣株盘。

【操作技术 3-2-45】向日葵品种的提纯

在做好向日葵品种的防杂保纯工作后,仍有轻度混杂时,可通过提纯法生产向日葵品种或杂交种亲本的原种。

①混合选择提纯。在用来生产原种的品种或亲本恢复系的隔离繁殖田中,于生育期间进行严格的去杂去劣。苗期结合间苗、定苗将与亲本幼茎颜色不同的异色苗和突出健壮苗及弱小苗拔除。开花前根据株高、叶片形状和株型等拔除杂株。在开花期根据花盘颜色及形状等的不同,去掉杂盘。收获前在田间选择具有本品种典型性状、抗病的植株,选择数量根据来年原种田面积而定,要适当多选些,单头收获。脱粒时再根据花盘形状、籽粒颜色和大小,做进一步选择,淘汰杂劣盘,入选

单头混合脱粒,供下一年繁殖原种之用。混合选择提纯法在品种混杂不严重时可采用。

②套袋自交混合提纯。如果品种混杂较重,混合选择提纯法已达不到提纯的效果,这时可采用人工套袋提纯法。在隔离条件下的原种繁殖田中,在要提纯品种的舌状花刚要伸展时,选择具有本品种典型特征的健壮、抗病单株套袋,在开花期间进行 2~3 次人工强迫自交。自交头数依下一年原种繁殖面积大小而定,尽量多套些。在收获时选择典型单株,单头收获。脱粒时再根据籽粒大小、颜色,淘汰不良单头,入选的单头混合脱粒。第 2 年用混合种子在隔离条件下繁殖原种。在生育期间还要严格去杂去劣,开花前仍选一定数量典型株套袋自交,收获时混合脱粒,种子即为原种。隔离区的其余植株收获后混合脱粒,用作生产用种或大面积繁殖一次后用作生产用种。

③套袋自交进行提纯。当向日葵品种混杂严重时可采用此法。第 1 年在开花前选典型健壮、抗病的单株套袋自交,收获时将入选的优良自交单株(头)分别收获、脱粒、保存。第 2 年进行株行比较鉴定。将上一年的单株自交种子在隔离条件下按株(头)行种植,开花前去掉杂行的花盘,对典型株行也要去杂去劣。然后任其自由授粉,混合收获脱粒。第 3 年在隔离条件下繁殖原种。在生育期间,还要严格去杂去劣,收获种子即为原种。

第四章　无性系品种种子生产技术

【项目导入】

祖祖辈辈生活在承德围场靠种马铃薯为生的农民做梦也没想到,他们命运居然和世界上最大的餐饮集团——麦当劳联系在了一起。随着麦当劳在中国的快速发展,麦当劳在围场的马铃薯种植基地,已成为中国唯一的马铃薯种薯生产专业公司,围场农民通过种植马铃薯,生活逐年富裕,因此,他们从心底由衷地希望麦当劳餐厅在各地越来越多。

当我们坐在舒适悠闲的麦当劳餐厅中,吃着外脆内软,还有一股浓浓的奶油香味,颜色金黄的麦当劳薯条时,可能根本就不知道这麦当劳薯条的背后,竟蕴藏了那么多鲜为人知的故事。

早在1982年,麦当劳在中国深圳开第一家店的8年前,麦当劳便与供应商开始共同调查中国有哪些马铃薯品种适合加工。他们几乎走遍了黑龙江到甘肃省的中国北部的大部分地区,当时中国有600多个马铃薯品种。但由于单纯追求高产,因此,中国农村习惯了高密度种植的耕作制度,马铃薯品种虽然产量较高,但单体却很小,这种马铃薯根本就无法加工符合麦当劳标准的薯条。

据了解,麦当劳要求供应商提供的薯条中,长度为12.7cm的要达到20%左右,7.6~12.7cm的达到50%左右。7.6cm以下的比例为20%~30%。另外,除了要求马铃薯的果型较长外,麦当劳还要求马铃薯的芽眼比较浅,同时,对淀粉和糖分的含量也有要求。据麦当劳的专家介绍,薯条的含糖量不能太高,不然经过油炸,薯条的颜色会呈现较深的焦黄色,而不是麦当劳薯条应有的金黄色;淀粉含量则不能太低,低了薯条炸出来之后就会疲疲沓沓,口感欠佳。

1983年,麦当劳及其供应商的马铃薯专家,来到中国的承德围场试种从美国引进的"夏波蒂"等马铃薯,并把美国先进种植技术传授给当地的农民,其中包括施肥、灌溉、行距和株距及试管育苗等,最终,麦当劳在中国马铃薯基地成功建立了一套种薯繁育体系。

马铃薯的种植只是完成了麦当劳薯条制作的前奏,后面还有许许多多的程序。

收获的马铃薯经过运输来到了麦当劳薯条加工工厂。在这个投资 1390 万美元、年生产在 25000t 以上的加工厂里,有从美国引进的原材料采购、处理、贮存、去皮、油炸、包装和分销的先进设备和技术,有自己的大型储存仓库以及自己的产品检测和试验室。先进科学管理和机械化的设备,保证了麦当劳对薯条在口感、外观、色泽、长短比例的要求。

麦当劳的薯条运送到餐厅后,同样有相应的严格管理程序。例如,在麦当劳餐厅不仅薯条从冷冻库取出后解冻时间有严格的规定,而且炸制完成薯条如果在保温槽中摆放的时间超过 7min,便会立即丢弃。麦当劳的承诺是给每一位顾客,无论在何时何地品尝麦当劳的薯条,其品质和口味都是一样的。

如此制作出来的高标准、美味的薯条,谁人能比? 当然备受全球顾客欢迎啦。

第一节　基本知识

常见的无性繁殖作物有马铃薯、甘薯、甘蔗、大蒜、草莓、梨、苹果、柑橘等,其次,园艺植物中的郁金香、百合、唐菖蒲、藏红花、芋、魔芋、荸荠等都属于无性繁殖植物。

一、无性系品种繁殖材料类别与种子生产特点

无性繁殖作物用以繁殖后代的不是植物学上的种子,而是植物的营养器官或是植物的体细胞。无性繁殖作物根据其繁殖材料的种类及种子生产特点的不同主要分为以下几类。

1. 营养器官

无性繁殖中主要的是用根、茎、叶、芽等各种类型的营养器官来繁殖。如马铃

薯用块茎繁殖,甘薯用块根繁殖,大蒜用鳞茎繁殖,芋用球茎繁殖,生姜用根状茎繁殖,草莓用匍匐茎繁殖,核桃用不定根繁殖,花生用不定芽繁殖等。其繁殖方式包括扦插、嫁接、压条和埋条、分株、无融合生殖等方法。

2. 植物体细胞

随着现代农业生物技术和遗传工程的发展和应用,无性繁殖材料的种类已经大大扩展,例如,孢子、菌丝体繁殖;茎尖体细胞培养脱毒植株;花药培养产生愈伤组织,分化出孤雄个体植株等。

无性繁殖作物在种子生产过程中主要表现出几个特点。

①适应性抗逆性强。无性繁殖作物种子生产时,没有开花、授粉、受精、果实形成、种子形成、种子成熟等一系列过程,具有很强的适应性和抗逆性。

②一般不用设置隔离。但是要及时淘汰表现不良性状的芽变类型,同时防止机械混杂的出现。

③种子纯度高。同一无性系内的个体之间基因型完全相同,具有整齐一致性,纯度可达100%,后代与母体的基因型也是完全相同的,因此生产的种子纯度高。

④病毒病感染是引起无性繁殖作物品种退化的主要因素,因此种子生产过程中还应采取防治病毒病为中心的良种繁育体系。

生产中,针对病毒病的危害,无性繁殖作物优良品种选育的方法主要有3种,分别是无性系选择法、茎尖分生组织培养脱毒法及实生种留种法。其中,实生种留种法应用较少,原因是部分无性繁殖作物有性繁殖后不能开花或开花不能结种子或种子数量少,如甘薯,但是马铃薯可以用实生种薯留种法。无性系选择法、茎尖分生组织培养脱毒法是目前生产中常用的两种方法,尤其是茎尖分生组织培养脱毒法。

二、无性系品种原种种子生产

无性系原种是由无性系原原种在一定条件下生产的,而无性系原原种是通过无性系选择法、茎尖分生组织培养脱毒两种方法繁殖而来。因此,下面分别介绍选择法生产无性系原种和茎尖分生组织培养脱毒法生产无性系原种。

（一）选择法生产无性系原种

第一年单株选择：在无性系留种田或纯度较高的生产田内种植无性系原原种，在几个关键时期（马铃薯是苗期、花期、成熟期和贮藏期；甘薯是团棵期、成熟期、贮藏期），根据品种的典型性和生长表现选择优良单株，分别采收，分别贮藏。

第二年株行圃：将上年选留的单株分别播种或单株育苗种植于株行圃，在生长季节注意观察，并通过设置对照品种、抗血清鉴定法或指示植物等方法淘汰感病株系和低产劣质株系，选留高产整齐一致的无退化的株系中的优良单株混合采收。

第三年株系圃：将上年选留的株行圃薯块种入株系圃，生育期间仍进行典型性和病毒鉴定，严格淘汰杂、劣、病株系，入选高产、生长整齐一致、无病毒、无退化症状的株系，混合收获后做下年原种圃的种薯。

第四年原种圃：选留的种子混合播种于原种圃中，去杂去劣后混收扩大繁殖，用于生产。

（二）茎尖分生组织培养脱毒法生产无性系原种

1. 茎尖脱毒技术的基本原理

通过茎尖剥离培养脱除病毒的方法已有较长的历史，其根据是病毒在植物体内分布不均匀，在植物近根尖茎尖的组织中含量很低甚至没有，主要有以下 3 个原因。

①病毒在寄主体内复制病毒粒子，需通过寄主的代谢过程，在寄主代谢旺盛的分生组织部分，病毒与寄主的竞争中处于劣势。病毒在植物细胞代谢最活跃的茎尖部分很难取得足够的营养复制病毒粒子，因而在茎尖部分形成无病毒区或少病毒区。

②大多数病毒在植株内是通过韧皮部进行迁移，分生组织缺乏完整的维管束组织，因而病毒在快速分裂的芽尖分生组织中难以存在或浓度很低。

③芽尖分生组织的生长素浓度通常很高，可能影响病毒的复制。

2. 茎尖分生组织培养脱毒法生产无性系原种的方法

将茎尖分生组织培养脱毒法生产的无性系原原种播种也可得到无性系原种。

此繁殖法的无性系原原种可能是试管薯、微型薯、试管苗或网室生产的原原种。将此类无性系原原种在一定空间隔离或机械隔离条件下播种,经过去杂去劣、严格选择,得到的即无性系原种。有时,为了扩大繁殖面积,降低生产成本,要对原原种进行育苗快繁。

三、无性系品种大田用种种子生产

用以上两种无性系原种在大田条件下播种就可生产无性系大田用种(良种),即直接供给农民栽种的生产种。无性系大田用种种子生产中,生产基地的条件是关系到良种种子质量的重要因素,种子生产基地应具备的条件如下。

①高海拔、高纬度、低温度和风速大的地区。由于病毒在高温下增殖传播快,主要的传毒媒介桃蚜活动适宜温度23℃~25℃。

②隔离条件好。留种地的一定范围内不能有同种作物栽培。

③传播媒介(主要是蚜虫)相对少一些,总诱蚜量在100头左右或以下,峰值在20头左右或以下为好。

④种子生产地应该是未种过该种作物的地块,排灌良好。

第二节　无性系品种种子生产技术

一、马铃薯种薯生产

马铃薯是自花授粉植物,但由于其实生种种子小、休眠期长,从出苗到收获块茎130~150d,因而多数情况下用块茎留种繁殖,即采用无性繁殖。在无性繁殖过程中,极易感染多种病毒,病毒在植株内增殖、积累于新生块茎中,通过块茎世代传递,加重危害,受病毒侵染的马铃薯表现为植株逐年变小,叶片皱缩卷曲,叶色浓淡不均匀,茎秆矮小细弱,块茎变形龟裂,产量逐年下降,甚至绝收,这就是生产中常说的马铃薯退化现象。由于目前尚无消除病毒的有效药剂,除通过栽培措施预防外,主要是通过培育无病毒种苗,栽培无病毒苗木来实现。无病毒种苗生产的技术路径一是避毒,例如,在低温冷凉环境中进行种薯生产;二是种子繁殖;三是脱毒,国内外普遍采用茎尖组织培养生产脱毒种薯技术及配套的良种繁育体系来解决马铃薯退化问题。

(一)基本概念

脱毒:应用茎尖分生组织培养技术,脱去主要危害马铃薯的病毒及类病毒。

脱毒试管苗(脱毒苗):脱毒苗经检测确认不带马铃薯 X 病毒(PVX)、马铃薯 Y 病毒(PVY)、马铃薯 S 病毒(PVS)、马铃薯卷叶病毒(PLRV)和马铃薯纺锤块茎类病毒(PSTVd)的试管苗。

脱毒种薯:脱毒试管苗生产的试管薯、微型薯、网室生产的原原种和继代生产供于大田用的种薯。

马铃薯种薯按质量要求分为原原种、原种、一级种和二级种。

原原种:用育种家种子、脱毒组培苗或试管薯在防虫网、温室等隔离条件下生产,经质量检测达到要求的,用于原种生产的种薯。

原种:用原原种作种薯,在良好隔离环境中生产的,经质量检测达到要求的,用于生产一级种的种薯。

一级种:在相对隔离环境中,用原种作种薯生产的,经质量检测后达到要求的,用于生产二级种的种薯。

二级种:在相对隔离环境中,由一级种作种薯生产,经质量检测后达到要求的,用于生产商品薯的种薯。

(二)马铃薯脱毒种苗生产技术

1. 茎尖组织培养技术生产脱毒苗

【操作技术 4-2-1】脱毒材料的选择

由于不同的品种或同一品种不同个体之间在产量和病毒感染程度上有很大差异,因此,品种脱毒之前,应进行严格选择,以保证脱毒复壮的马铃薯品种或材料能在生产上大面积使用。主要从以下几点去选择。

①选择适销对路的品种作为脱毒材料。

②在肥力中等的田间选择具有本品种典型性的植株,包括株型、叶型、花色及成熟期等农艺性状。

③植株生长健壮,无明显的病毒性、真菌性、细菌性病害症状。

④收获后再选择符合品种特性的薯块,包括皮色、肉色、薯型、芽眼、无病斑、无虫蛀和机械创伤的大薯块。通过选择得到了生育正常的植株块茎作为茎尖脱毒的基础材料,以提高脱毒效果。

【操作技术4-2-2】脱毒材料病毒检测

由于PSTVd(马铃薯纺锤块茎病毒)难以通过茎尖组织培养脱除,所以在进行脱毒前,还要对入选的单株进行PSTVd检测,淘汰带有PSTVd病毒的单株。鉴定方法有田间观察、指示植物(鲁特哥番茄品种 *Lycopersicon esculentum cv. Rutgers*)接种鉴定、反向聚丙烯酰胺凝胶电泳(R-PAGE)、核酸斑点杂交(NASH)、反转录聚合酶链反应(RT-PCR)等项检测技术,筛选未感染PSTVd的植株,作为脱毒的材料。

【操作技术4-2-3】脱毒技术

①取材和消毒。入选的块茎用1%硫脲+5mg/L赤霉素浸种5min打破休眠,在37℃恒温培养箱中干热处理30d后作茎尖剥离。用经过消毒的刀片将发芽块茎的茎尖切下1~2cm,清水漂洗,剥去外面叶片,进行表面消毒。表面消毒方法是:先将茎尖在75%酒精中迅速蘸一下,消除叶片的表面张力,随后用饱和漂白粉上清液或5%~7%次氯酸钠溶液浸20min,再用无菌水冲洗3~4次。用于剥离的芽不能长得过长,如茎尖已经分化成花芽,则不能利用做茎尖剥离。

②剥离茎尖和接种。在无菌操作台上将消毒过的芽置于40倍的体视镜下,用解剖针逐层剥去茎尖周围的叶原基,暴露出顶端圆滑的生长点,切取长0.1~0.4mm、带有1~2个叶原基的茎尖(图4-1)随即接种于有培养基的试管中,注意要以切面接触琼脂。一般切取的茎尖越小,脱毒效果越好,但成活率越低。

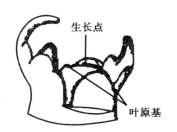

图4-1　带1~2个叶原基的茎尖

　　培养基的制作:经过实践研究,MS 培养基和 Miller 培养基都是较好的选择,表4-1 中提供了 MS 培养、FAO 培养基、CIP 培养基的配制成分及数量以供参考。其制作程序是:分别称取各种元素,并用无离子水溶解,把大量元素配成 10 倍母液,按单价、双价和钙盐的顺序倒入一个试剂瓶中。微量元素和有机成分分别配成100 倍母液,放于冰箱中保存。做培养基时,将三种母液按需要量混合,再加入适量铁盐和生长调节剂,定容至所需体积,然后用 1mol NaOH 液调节 pH=5.7,溶入蔗糖和琼脂,分装于试管中,每个试管 10~15mL,封口后,进行灭菌,待灭菌锅中压力升到 0.5kg/cm^2,保持 15~20min,灭菌时间不宜过长,以免培养基成分变化。

表 4-1　茎尖组织培养的培养基的配方

营养成分		培养基来源/(mg/L)		
		MS(1962)	FAO(1986)[①]	CIP[②]
大量元素	硝酸钾(KNO_3)		1900	
	硝酸铵(NH_4NO_3)		1650	
	氯化钙($CaCl_2 \cdot 2H_2O$)		440	
	硫酸镁($MgSO_4 \cdot 7H_2O$)	370	500	370
	磷酸二氢钾(KH_2PO_4)		170	
铁盐	硫酸铁($FeSO_4 \cdot 7H_2O$)		27.8	
	四醋酸钠($Na \cdot EDTA$)		37.3	
微量元素	硫酸锰($MnSO_4 \cdot 4H_2O$)	22.3	0.5	22.3
	硼酸(H_3BO_4)	6.2	1.0	6.2
	硫酸锌($ZnSO_4 \cdot 4H_2O$)	8.6	1.0	8.6
	碘化钾(KI)	0.83	0.01	0.83
	硫酸铜($CuSO_4 \cdot 5H_2O$)	0.025	0.03	0.025
微量元素	氯化钴($CoCl_2 \cdot 6H_2O$)	0.025		0.025
	钼酸钠($NaMoO_4 \cdot 2H_2O$)	0.25		0.25

营养成分		培养基来源/（mg/L）		
		MS(1962)	FAO(1986)①	CIP②
有机成分	烟酸	0.5	1.0	0.5
	肌醇	100	100	100
	硫酸盐腺嘌呤	—	80	0.25
	泛酸钙	—	0.5	2.0
	甘氨酸	2.0	—	2.0
	盐酸硫胺素	0.5	1.0	0.5
	烟酸吡哆醇	0.5	1.0	0.5
激素	生物素	—	0.2	—
	激动素	0.04~1.0	—	—
	吲哚乙酸	1~30	—	—
糖	蔗糖	30	20	30
琼脂		6000	8000	6000

注:①联合国粮农组织推荐的茎尖组织培养的培养基配方。②国际马铃薯中心的茎尖组织培养的培养基配方。

③培养与病毒鉴定。接种于试管中的茎尖放于培养室内培养,温度22℃~25℃,光照强度3000lx,每日光照16h,培养诱导30~40d即可看到试管中明显伸长的小茎,叶原基形成可见小叶。此时可将小苗转入无生长调节剂的培养基中,小苗继续生长并形成根系,3~4个月发育成3~4个叶片的小植株,将其按单节切段,接种于有培养基的试管或小三角瓶中,进行扩繁。30d后再按单节切段,分别接种于3个三角瓶或试管中,成苗后其中1瓶保留,另外2瓶用于病毒检测,结果全为阴性时,保留的一瓶用于扩繁,如反应为阳性时,则将保留的瓶苗淘汰。脱毒苗的病毒鉴定,采用双抗体夹心酶联免疫吸附(ELISA)检验,无阳性反应再用指示植物鉴定。采用往复双向聚丙烯酰胺凝胶电泳法(R-PRAGE)进行纺锤块茎类病毒复检,检出不带 PVX、PVY、PVS、PLRV 和 PSTVd 的脱毒苗。

2. 脱毒苗扩繁

（1）脱毒苗扩繁的原因

马铃薯脱毒试管苗在获得之初只有很少几棵试管苗,而马铃薯用薯块繁殖的繁殖系数只有 10~15 倍。另外,种薯经过脱毒,不仅脱去了致病的强系,同时也把具有保护作用的弱系也去掉了,脱毒种薯被强系侵染后表现病毒性退化更快,为此,需要不断地给生产上提供大量的脱毒种薯。加快脱毒种薯的生产,就必须利用组织培养技术快速繁殖脱毒苗。

（2）切段快繁脱毒苗

在严格隔离、消毒的条件下,将试管或三角瓶中的脱毒苗单节切段,每个切断带 1 片小叶摆放于培养基上进行快繁,扩繁脱毒苗的培养基仍为 MS 培养基,培养温度 22℃~25℃,光照强度 2000~3000lx,每日光照 16h,经 2~3d,切段就从叶腋长出新芽和根。脱毒苗最适宜苗龄为 25~30d。

需要注意的是,脱毒苗多次继代培养有可能再次感染病毒,导致生长势减弱。山东省农业科学院蔬菜研究所(1998)发现初始的茎尖苗经病毒检测为阴性的,随着继代扩繁后,其植株内又能检测出病毒,特别是 PVX 和 PVS。这可能是茎尖组织培养的脱毒苗,在成苗当时病毒浓度极低,目前检测手段还难以检测出,随着继代扩繁,脱毒苗内的病毒不断增殖,浓度增加到一定程度,检测表现为阳性。因此,脱毒试管苗在扩繁之前,必须进行多次检测,选择无病毒的试管苗进行繁殖,确保脱毒基础苗的质量,进而繁殖出优质种薯。同时,生产中为延长脱毒后试管苗使用寿命,可采取在初次脱毒的苗中分出一部分苗转入保存培养基中,并放于控制低温的光照培养箱内,每 6~8 个月切转一次苗,从而大大减少周转次数及污染概率。还可以利用初期的脱毒苗诱导部分试管薯,并在无菌条件下保存,需要时,使其发芽、生长成苗,利用茎切段扩繁,代替扩繁代数多的病苗。

（三）马铃薯脱毒种薯生产技术

由马铃薯脱毒试管苗生产的试管薯、微型薯、网室生产的原原种和继代生产供于大田用的种薯都称为脱毒种薯。

1.脱毒试管薯(原原种)生产

在超净工作台上将试管苗切段置于 MS 液体培养基的容器中,每管 8 个茎段,温度 22℃~25℃,光照强度 2000~3000lx,培养 25~30d。茎段腋芽处长成 4~6 片叶的小苗在无菌操作的条件下转接到结薯诱导培养基上,MS+BA　5mg/L+CCC 50mg/L+0.5%活性炭+8%蔗糖配制成液体,置于 18℃~20℃,16h/d 黑暗条件诱导结薯。试管薯的诱导不受季节限制,只要有简单的无菌设备和培养条件,可周年生产试管薯,且无病毒再侵染的危险。由于试管薯体积小,便于种质资源的保存与交流,又可作为繁殖原原种的基础材料。

2.脱毒微型薯(原原种)生产

20 世纪 80 年代初出现的微型薯生产方法,为马铃薯种质保存、交换以及无毒种薯的生产和运输提供了一条便利的途径。微型薯即由试管苗生产的直径在 3~7mm,重 1~30g 的微小马铃薯,被称为微型薯。用脱毒试管苗繁殖微型薯有两种繁殖方法,即试管苗直接定植生产微型薯和扦插苗定植生产微型薯。

(1)试管苗直接定植生产微型薯

防虫温室、网室繁殖微型薯主要有基质栽培和雾化栽培两种方法。基质栽培生产微型薯是近年来各地普遍应用的一种方法。具体方法是首先建造温室,温室下覆 0.08mm 聚乙烯薄膜,上覆 40~45 目尼龙网纱。在苗畦底层铺草碳,掺有氮、磷、钾复合肥,其上铺蛭石或珍珠岩,均匀铺设 5cm,浇水达饱和状态。试管苗在温室内炼苗 7d,清洁水洗净培养基,按株行距 6~7cm 栽入基质 2~2.5cm 深,栽后小水细喷。栽植后遮阴网遮阴 5~7d,温度保持 22℃~25℃,相对湿度 85%,缓苗后每 7d 浇灌营养液 1 次,自栽植后 15d 起,每隔 7d 喷施杀虫剂和杀菌剂 1 次。60~80d 收获,按 1g 以下、2~4g、5~9g、10g 以上四个规格分级包装,拴挂标签,注明品种名称,薯粒规格,数量。收获后在通风干燥的种子库预贮 15~20d 后入窖。入窖后按品种、规格摆放,温度 2℃~3℃,湿度 75%。

(2)扦插苗定植生产微型薯

切段扦插繁殖是经济有效的繁殖方法,具体步骤如下。

【操作技术 4-2-4】培养基础苗

用脱毒试管苗来培养基础苗。在无菌条件下,将脱毒试管苗切成带有一个芽的茎段,接入生根培养基中培养,10d 后长成带有 4~5 片叶及 3~4 条小根的小苗,打开培养瓶封口置于温室锻炼 2d 后,移栽到温室、网室中经过消毒的苗床上,移栽后注意遮阴,生根后除去遮阴材料,还要注意浇水和喷营养液。移栽 10~20d 后,苗长出新根及 5~8 片叶时,即可进行第一次剪切。剪切时要对所有用具及操作人员进行严格消毒,剪苗时要剪下带有 1~2 片叶的茎尖或带有 2~3 片叶的茎段。每次剪切后都要对基础苗加强管理,提高温湿度,喷施营养液,促进腋芽萌发,增加繁苗数量,以后每隔 20d 可剪切 1 次。

【操作技术 4-2-5】扦插繁殖脱毒小薯

为防止蚜虫要在温室、网室内定植上述剪切苗繁殖脱毒薯。将剪下的茎段在生根液中浸泡 5~10min,然后扦插于苗床上,苗床材料及扦插后的管理与基础苗移栽时相同。一般扦插后 60d 左右即可收获微型薯原原种。

(3)脱毒种薯原种和良种生产

由于原原种数量有限,必须经过几个无性世代的扩繁,才能用于生产。原种包括一级原种和二级原种,良种包括一级良种和二级良种。在扩繁期间,防止病毒的再侵染是首要问题,生产中通过选择适宜的生产基地和促进植株成龄抗性形成的早熟栽培技术来解决。成龄抗性是指病毒易感染幼龄植株,增殖运转速度快,随着株龄的增加,病毒运转速度减慢。因此,应采取促进早熟的栽培管理措施。具体注意事项有以下几点。

①生产基地选择。原种生产基地的选择与建设对种薯生产十分重要,直接关系到扩繁的种薯质量,原种基地应具备的条件是:在高纬度、高海拔、风速大、气候寒冷的地隔离条件好,种薯生产地 500m 之内不种高代马铃薯和十字花科作物;该地区诱到蚜虫的量在 100 头左右或以下;生产基地要交通方便,便于调种。

②播前种薯催芽。催芽后播种可以提前出苗 7~15d,而且苗齐、苗壮,增加每株主茎数,促进早发、早结薯,以促进早熟。催芽的方法很多,有条件的地方,薯块放在催芽盘中,催芽盘分层放在有光和具有一定温度的室内架子上,利用太阳散射

光,也可以补充人工光照进行催芽。还可以在室外避风向阳处挖一个0.5m左右的深坑,坑底放一层马粪,盖一层熟土,上面堆放几层薯块,顶上再放一层马粪和熟土,然后覆盖塑料薄膜,四周用土压紧,经7~10d能产生豆粒大的黄化芽,即可播种。

③播种。30~50g小薯整薯直播,50g以上块茎切种,单块重25~30g,每块带1~2个芽眼,刀具用高锰酸钾溶液消毒。

④播期。10cm地温稳定在5℃为适宜播期,深度为9~10cm。

⑤播种密度。早熟品种,5000~5500株/667m²,中、晚熟品种4000株~4500株/667m²。

⑥播种后覆盖地膜可以显著提高地温。促进早出苗、早结薯,也使马铃薯及早形成成龄抗性,减少病毒增殖和积累。

⑦施肥。按设计产量N、P、K配方施肥。

⑧田间管理。全生育期中耕一次,培土两次。浇水和追肥,田间土壤持水量60%~70%,现蕾期667m²追尿素10~15kg。及时的去杂去劣,拔除病株。现蕾至盛花期,两次拔除混杂植株与块茎,发现病毒株应立即将全部病毒株及其新生块茎和母薯拔除,装入塑料袋中带出地外烧毁或深埋。

⑨病虫害防治。病毒病是控制的重点,其次晚疫病、蚜虫也是综合防治的对象。出苗后40d每隔7d喷杀虫剂和杀菌剂一次,不同种类的农药交替喷施。蚜虫也可以用黄皿诱虫器进行测报或在田间设置黄色薄膜涂上机油诱杀,也可以用银灰色塑料薄膜驱蚜。

(四)无性系繁殖选择留种技术

马铃薯种薯生产由于受多种因素限制无法获得脱毒种薯时,可以在种薯生产田中选择生长健壮、无病毒和其他病害症状,符合原品种特征特性的植株,采用无性系选择的方法进行种薯生产。具体操作程序如下。

【操作技术4-2-6】单株选择

在田间选择株型、叶型、花色、成熟期符合本品种标准,生长健壮、无明显病虫害症状的植株,单株分别收获种薯,鉴定种薯皮色、肉色、薯型、芽眼、薯块病斑、虫蛀和机械创伤,从每个单株中选 1~2 个块茎进行病毒检测,淘汰带毒种薯及单株。

【操作技术 4-2-7】株系选择

将入选单株薯块分别播种成株系,生长过程中严格检查植株健康状况,并进行病毒检测,一旦发现某个株系感染病毒,即淘汰整个株系,每个健康株系分别收获,分别贮藏。

【操作技术 4-2-8】无性系选择

把上年选入株系分别播种,生长期间严格检查病虫害发生情况,并选点采样进行病毒检测,淘汰感病无性系。这个过程可持续 2~3 年,最后将健康无性系混合种植成原原种。再在防虫温室、网室条件下繁殖成原种及大田用种。

(五)建立良种生产体系

通过茎尖脱毒苗快繁或无性系繁殖选择获得的原原种数量有限,必须经过几个无性世代的扩繁,才能用于生产,在扩繁期间,须采取防病毒及其他病源再侵入的措施,然后通过相应的种薯繁育体系源源不断地为生产提供健康的种薯。

1. 原种生产

(1)原种生产基地选择

原种生产基地的选择与建设对种薯生产十分重要,直接关系到扩繁的种薯质量,原种基地的选择应具备以下几个条件:①选择高纬度、高海拔、风速大、气候寒冷的地区;②隔离条件好,原种繁殖应隔离 2000m;③总诱蚜量在 100 头左右或以下,峰值在 20 头左右或以下为好。

(2)防止病毒再侵染技术

①促进植株成龄抗性形成的早熟栽培技术。成龄抗性是指病毒易感染幼龄植株,增殖运转速度快,随着株龄的增加,病毒的增殖运转速度减慢。据报道,马铃薯植株成龄抗性在块茎开始形成时便出现,2~3 周后完成,此时病毒不易侵染植株,也难向块茎积累。促进植株成龄抗性的措施有如下两个方法。

A. 播前种薯催芽。催芽后播种可提早出苗 7~15d,促进早结薯及成龄抗性的形成。催芽方法是将种薯置于 15℃~20℃ 的温室、大棚内或在室外背风向阳处挖

30cm 深、1.5m 宽的冷床,内放 3~5 层小整薯或薯块(25~40g),薯块上面覆盖草帘保持黑暗,冷床上面覆盖塑料薄膜增温催芽。当芽长达 1.5cm 左右时,取出放于散色光下进行炼芽,使芽变为绿色。

B. 采用地膜覆盖栽培技术。播种后覆盖地膜可显著提高地温,促进早出苗、早结薯。也使马铃薯及早形成成龄抗性,减少病毒增殖和积累。

②科学施肥。马铃薯在整个生长期间需氮、磷、钾三要素,但比例要适当,氮肥多时,茎叶徒长,不利成龄抗性形成,使病毒病加重。所以,适当增施磷钾肥,可增强植株抗病毒能力,促进早结薯。

③及时拔除病株、杂株。在种薯繁殖期间应经常深入田间拔除病株,防止病毒扩大蔓延,一般从苗出齐后开始,每隔 7~10d 进行一次,拔除病株时要彻底清除地上、地下两部分,小心处理好,不能使蚜虫迁飞,必要时对周围植株要打药。还要分 3 次拔除杂株,第一次在幼苗期;第二次现蕾开花期;第三次在收获前进行。

④早收留种。马铃薯原种生产应进行黄皿诱捕,根据诱到有翅桃蚜的数量,决定灭秧或收获。原因是马铃薯植株被蚜虫传上病毒后,开始时是自侵染点处的表皮和薄壁组织通过胞间连丝移动,增殖运转速度是很慢的,经过 4~5d 后到达维管束,才能较快地运转,每小时约可移动 10mm。可见病毒从侵染植株地上部到侵染块茎需要经过较长时间,确定合适的种薯收获期,可在由病毒侵染的条件下获得健康种薯。正确确定早收或灭秧时期是非常重要的,收获早一天至少要减产 600~900kg/hm²,收获过晚,植株中病毒已转运到块茎中,根据国内外研究结果,有翅桃蚜迁飞期过后 10~15d 灭秧收获为宜。

2. 大田用种生产

(1)繁种田选择

大田用种生产应保证种薯的质量和数量,可选在生产条件较好的 3 年以上没有茄科植物的地块,肥力好,疏松透气,排水良好,应施有机肥为主,配合使用磷钾肥。

(2)播种期确定

播种期确定应把种薯膨大期安排在 18℃~25℃,并能避开蚜虫迁飞高峰期的季节播种,密度要比商品薯适当增大。

（3）防除蚜虫

整个生育期间经常深入田间发现病株及时拔除,利用黄皿诱杀器进行测报,当出现10头有翅蚜时开始定期喷药,注意防治其他病虫害。

（4）及时收获

收获前1周停止浇水,及时杀秧减少病毒传播,收获时防止机械损伤。收获后种薯按不同品种不同等级分别存放,防止混杂,预防病虫和鼠害以减少损失。其他管理方面同生产栽培。

二、甘薯种苗生产

栽培甘薯属于旋花科甘薯属甘薯栽培种的一年生或多年生草本块根植物。又名番薯、地瓜、山芋、白薯、玉枕薯等。甘薯广泛种植于世界上100多个国家,以亚洲和非洲最多。国内主要产区是四川盆地、黄淮海平原、长江流域和东南沿海。甘薯有性繁殖杂交种子培植的实生苗后代,由于性状分离严重,群体变异大,不能保持亲本的特性,故生产中用无性繁殖的方式进行种子生产。甘薯品种在无性繁殖过程中,由于机械混杂、生物学混杂和病毒感染造成产量减低、品种变劣,前两种可以用加强田间管理和去杂去劣的方法消除,但是病毒病是很难消除的。据报道,侵染我国甘薯的主要病毒为羽状斑驳病毒（SPFMV）、潜隐病毒（SPLV）、类花椰菜病毒（SPCLV）、褪绿斑病毒（SPCFV）和C-2等。1960年,美国Nielson最先获得甘薯脱毒苗,以后日本、新西兰、阿根廷、巴西等地相继成功获得脱毒苗,我国是在20世纪80年代研究成功,为控制甘薯病毒病危害开辟一条新途径。甘薯茎尖分生组织和马铃薯分生组织一样,茎尖部分病毒含量少或无病毒,所以,可以利用茎尖组织培养得到无病毒植株的方法繁殖甘薯种苗。

（一）甘薯脱毒与快繁技术

脱毒甘薯的生产过程较为复杂,包括优良品种筛选、茎尖苗培育、病毒检测、优良茎尖苗株系评选、高级脱毒试管苗快繁、原原种、原种和良种种薯及种苗的繁殖8个环节,各个环节都有严格的要求,最终才能保证各级种薯的质量。

1. 优良品种选用

甘薯优良品种多,但多数品种有一定的区域适应性和生产实用性,在进行甘薯脱毒品种选择时一定要根据本地区气候、土壤和栽培条件,选用适合本地区大面积栽培的高产优质品种或具有特殊用途的品种。甘薯品种根据用途的不同一般分7种类型:淀粉加工型,徐薯25、商薯103;食用型,北京553、鄂薯4号;兼用型,皖薯4号、皖薯3号;菜用型,福薯7~6、泉薯830;色素加工型,烟紫薯1号、济薯18;饮料型,豫薯10号、TN69;食用兼饲用型,鲁薯3号、金山25。

2. 茎尖苗培育

利用分生组织培养诱导甘薯茎尖苗是甘薯脱毒的技术关键。即在无菌条件下切取甘薯茎尖分生组织,在特定的培养基上进行离体培养,就能够再生出可能不带有病毒的茎尖脱毒苗。茎尖苗诱导的具体步骤如下。

【操作技术4-2-9】取材和消毒

取甘薯苗茎顶部2cm长的芽段放于烧杯中,用0.1%洗衣粉浸泡10~15min,然后用清水冲洗干净,再用70%酒精表面消毒30s、再用2%次氯酸钠溶液浸泡10min或0.5%~1%升汞消毒几分钟,中间不断摇动,最后用无菌水冲洗干净,转入无激素培养基中,长成茎段苗。

【操作技术4-2-10】分离与接种

茎段苗长到5~6片叶时,转入人工培养箱中,用38℃~40℃高温处理28~30d,以钝化病毒。然后在超净工作台内解剖镜下剥离茎尖,茎尖长0.2~0.4mm,带有1~2个叶原基,将其接种到附加1~2mg/L6-BA的MS培养基上,26℃~28℃下光照培养,7d左右,茎尖膨大变绿或子叶清晰可见,再将其转入无激素的MS培养基上,待苗长到5~6片叶时移至营养钵中进行病毒检测。

【操作技术4-2-11】病毒检测

茎尖苗需要经过严格的病毒检测确认不带病毒后,才是脱毒茎尖苗。茎尖苗的检测一般首先采取目测法,然后再用血清学方法或分子生物学方法进行筛选,最后进行指示植物嫁接检测。

【操作技术 4-2-12】优良株系评选

经病毒检测确认的脱毒苗还需要进行优良株系评选,淘汰变异株系,保留优良株系。即将脱毒苗栽种到防虫网室内,以本品种普通带毒薯为对照,进行形态、品质、生产能力等多方面的观察评定,从若干无性系中选出最优株系,混合繁殖。

【操作技术 4-2-13】脱毒试管苗快繁

获得脱毒苗数量有限,不足以满足大田生产利用的足够脱毒苗,因此,要对脱毒甘薯茎尖苗进行大量繁殖,繁殖方法有试管苗单叶节快繁和温网棚繁殖两种方式。二者在速度、成本等方面互有优势。

①脱毒苗试管快繁。采用不加任何激素的 1/2MS 培养基,在温度 25℃,每天光照 18h 条件下进行脱毒苗试管快繁,繁殖速度快,完全避免病毒再侵染。继代繁殖成活率高,不受季节、气候和空间限制,可以进行工厂化生产。根据培养基的不同分为液体振荡培养(将单茎节置于液体培养基中,进行 80r/min 振动)和固体培养两种。

②脱毒苗田间快繁。脱毒苗必须在严格空间隔离(400 目网纱,500m 以内无普通带毒甘薯)的田间环境中进行繁殖,根据场所的不同分为防蚜塑料大棚快繁、防蚜网棚快繁、防蚜冬暖大棚越冬快繁三种方法。第一种方法繁殖系数可以达到100 倍以上。但要注意小水勤浇,通风透气,保证温度既不能低于 10℃,也不能高于 30℃。第二种方法当苗长至 5 片叶时可继续剪苗栽种繁殖或直接用于原原种生产。第三种方法脱毒苗在外暴露时间长,重新感染病毒机会大。

【操作技术 4-2-14】原原种繁育

在防虫网棚或冬暖棚隔离条件下,无病原土壤上栽插脱毒试管苗,生产的种薯即原原种。此法可以周年生产脱毒甘薯原原种,缺点是费用高,温室通风透光性差、产量低。生产上还可以在 40 目的防虫网室内于春、夏两季栽植脱毒试管苗生产原原种的方式,投资少,产量较高。原原种质量高低取决于脱毒试管苗的脱毒率和防虫隔离措施;产量高低取决于网棚内土壤、肥力、光照、管理等因素,其中选择多年未栽过甘薯的土地,同时,土壤要无真菌、线虫和细菌病原。

【操作技术 4-2-15】原种繁育

用原原种苗(即原原种种薯育出的薯苗)在 500m 以上空间隔离条件下生产的薯块为原种。由于原原种的数量有限,价格比较高,因此,为了扩大繁殖面积,降低生产成本,繁育原种时最好采用育苗,以苗繁苗的方法。生产中常见的方法是,加温多级育苗法、采苗圃育苗法和单、双叶节繁殖法。

①加温多级育苗法。为了满足甘薯喜温、无休眠和连续生长的特点,利用早春或冬季提前育苗方法,通过人为创造适宜的温湿度条件,争取时间促进薯块早出苗。在冬季或早春(2月上旬)利用火炕、电热温床、双层塑料薄膜覆盖温床或加温塑料大棚等提早播种,加强管理,促进薯苗早发快长。薯苗长出后,分批剪插到其他面积较大的温床或塑料大棚中,加强肥水管理,产苗后再剪插到面积更大的温室或塑料大棚中,促进幼苗生长,并继续用苗繁苗。当露地气温适宜时,不断剪苗栽入采苗圃,最后定植到留种地。

②采苗圃育种法。采苗圃育种法是以苗繁苗方法中获取不易老化、无病、粗壮苗最为可靠的方法,也是搞好甘薯良种繁育的关键措施。可以加大繁殖系数,还可以培育壮苗。采苗圃要加强水肥管理,勤松土、消灭病、草害,使茎蔓生长迅速,分枝多粗壮。

③单、双叶节繁殖法。利用单、双叶节栽插是高倍繁殖的一种有效措施,这种繁殖法又可以分成两种:一种是把采苗圃培育的壮苗剪成短节苗,直接栽到原种繁殖田;另一种是在春季育苗阶段,采用单双叶节的一级或多级育成苗,再从采苗圃剪长苗栽到原种繁殖田。

【操作技术 4-2-16】良种繁殖

用原种苗在大田下生产的薯块称为良种,也叫生产种。即直接供给农户栽培的脱毒种薯。在生产上再利用 1~2 年后病毒再感染严重,需要更新种薯。

(二)甘薯品种退化原因及防杂保纯技术

我们知道,优良品种不是一劳永逸的,其在生产上都有使用年限。优良甘薯品种同其他作物一样对农业生产具有重要作用,但种植几年后就逐渐表现品种退化,即表现出藤蔓变细,节间变长,结薯小而少,薯形细长,肉色变淡,纤维增多,食味不佳,干物质含量减低,水分增多,生长势减弱,容易感染病害等现象。要保持甘薯品种的优良种性,就需要分析引起甘薯品种退化的原因,针对不同的原因采取相应的防杂保纯技术措施,不断提纯复壮,生产符合标准的种薯种苗。引起品种退化的主要原因如下。

1. 基因劣变

甘薯本是遗传上的杂合体,异质性强,突变率高,虽然采用无性繁殖,也会因为环境影响发生芽变,不良的芽变在良种内繁殖滋生,必然降低其应用价值,这是品种退化的内因。如短蔓品种发生长蔓变异,红肉品种发生浅色变异等。

2. 机械混杂

在收获、运输、保存、育苗、栽种等环节中,由于不注意选种、留种,常使不同品种或劣变个体混入其中,随着生产不断扩大,造成品种繁殖混杂。如将徐薯 18 长蔓品种与胜南(7753-5)短蔓品种根据水肥要求分别种植,两品种都能发挥高产性能,如两品种混播,徐薯 18 长蔓品种对胜南(7753-5)短蔓品种的植株产生隐蔽,二者都不能满足丰产性要求。

3. 病毒病影响

病毒病对甘薯的危害日趋严重,已被人们高度重视。甘薯在无性繁殖过程中,病毒在体内不断积累,使得甘薯表现出生长势减弱,薯块表面粗糙、裂纹,柴根增多,叶片皱缩变黄,生命力降低,产量下降。

为防止甘薯品种退化现象,必须认真做好良种的提纯复壮工作,主要应抓好以下几方面。

（1）严格技术操作规程,避免机械混杂

必须严格遵守"甘薯种薯生产技术操作规程",认真核实各级别种薯的接受和发放手续,严格技术操作规程,杜绝机械混杂发生。

（2）去杂提纯

从育苗、栽植、收获到贮藏全过程中,及时剔除杂薯、杂苗,并留意选好纯种纯苗,作为第二年苗床育苗的用种;芽苗出土后,要据品种芽苗的特征进行间拔杂苗。

薯苗出圃前再次进行去杂去劣,之后剪苗供应大田生产。经过反复 2~3 次的去杂提纯,可以一定程度上减少因混杂引起的种性退化。

（3）选优复壮

良种去杂提纯后,种性初步得到提高,为进一步提高纯度和种性,必须采用株选留种,株系鉴定,混系繁殖原种的方法。

①株选留种。在大田封畦前进行田间株选,主要通过目测比较法,选出具有本品种特点的优良单株若干,挂牌标记。一般每亩选 200~300 株,收获前再根据原品种地上茎叶生长和病虫害发生情况等,重复观察,并检查 1~2 次,凡是不合格的除去标记不予入选。收获时,先割掉薯藤,然后依次挖出,之后据品种特性和单株生产力进行精心挑选,一般选择早薯株重 1500g 左右,晚薯株重 1000g 左右,大薯率高、结薯 3~5 个,薯型长、薯蒂细小弯曲、薯尾短小的单株,将入选单株进行编号,分别贮藏留种。

②株系鉴定。每个单株结的种薯为一个株系,分系进行温床育苗。育苗前淘汰贮藏期间失水干瘪、受冻害的薯块。苗期及时淘汰杂株或病毒苗,如发现病毒苗应将单株的薯苗与薯块全部拔除。建立采薯圃,并采用适当密植、幼苗打顶等措施,以促进分枝,培育足够的蔓头苗。扦插后进行田间株系的观察、鉴定和比较,主要是封垄前鉴定地上部特征、植株生长势和整齐度。收获时,鉴定地下部特征、特性和结薯习性。经过两次鉴定综合评选,淘汰劣系,表现突出的株系再进行单系留种。

③混系繁殖原种。将上年入选混合的株行圃种薯育苗,并设采苗圃繁苗,北方在夏季、南方在秋季栽种原种圃繁殖原种。原种圃也分别在封垄前和收藏期根据原品种地上、地下部特征特性,去杂去劣,并拔除病株。原种圃中选出生产性能好、品质优良、表现一致的优良株系,混合在一起,作为留种田的原种。

（4）茎尖组织培育脱毒甘薯苗

甘薯病毒病的防治,目前生产中主要是通过茎尖组织培育脱毒甘薯苗乃至脱毒薯的方法来解决。甘薯脱毒技术是甘薯种薯生产技术中的一个核心,必须在建立脱毒种薯和脱毒薯苗生产基地和监测机构的前提下,加强推广应用。

三、甘蔗种苗生产

甘蔗是我国主要的制糖原料,在我国农业生产中占有重要位置。生产中,甘蔗主要是通过茎秆切断的无性繁殖方式繁衍后代。甘蔗产量和含糖量的形成因素是品种、栽培技术和环境条件。在生产上落实好良种、土壤肥力、种植技术、耕作管理、农田小气候及各种自然条件等各项技术措施,做细各个栽培环节,克服不良环境因素是取得高糖高产的保证。甘蔗高糖高产的技术指标是:第一争取较多的有效茎数;第二采用大茎高糖良种;第三是适时操作,利用天时地利。

(一)蔗种选择与处理

选用良种是甘蔗生产中一项基本工作,良种具有降低生产成本,改进耕作栽培技术,均衡榨季生产,减少自然灾害损失的作用。蔗种选择的目标是高产、高糖、不开花或少开花、宿根性好、抗病虫、抗干旱。如新台糖 22 号、园林 6 号、粤糖 00-236、粤糖 93-159、赣唐 65/137、赣蔗七号等。选择新鲜、蔗芽饱满、无病虫害的半身蔗,用利刀斩成双芽或者三芽段,切口要平整,减少破裂。接着用 50% 多菌灵 125g 加水 100kg,浸种消毒 5min,或用 2% 石灰水浸种 24h,蔗尾较嫩的芽段不浸种。种茎消毒后要催芽,催芽在冬春低温时采用,催芽温度是 25℃ ~ 28℃,水分一般利用种茎内的水便可,要求芽动,根少动,芽萌动胀起成"鹤哥嘴"状,根点刚突起最为理想。催芽方法有半腐熟堆肥催芽法和种茎堆积自身发热催芽法,前者用腐熟堆肥或发热大的厩肥,分层叠堆方法发芽,后者用纤维袋装好,自然堆放,并盖上稻草和薄膜升温发芽。

(二)整地与下种及田间管理

【操作技术 4-2-17】整地

甘蔗对土壤的要求是深、松、细、平、肥。因此在播种前先要整地。

①要深耕深松。用深耕犁松土 35 ~ 40cm,然后用旋耕耙细碎表土层 10 ~ 20cm,做到表层平细,下层土团较大,疏松通气,利于保水保肥和根系伸展,深耕也应结合增施有机肥。

②要注意行距与开植沟。行距的大小受气候、品种、耕作水平、施肥数量等因素的影响。一般采用机械化种植和收获的蔗田行距为 1.25~1.3m,人工种植和收获的蔗田一般在 0.8~1.0m。植沟的深浅要根据地下水位和土层厚薄来考虑,山坡旱地土层深厚宜深开沟;排水不良低洼地和地下水位高时宜浅;一般沟深 25~30cm 为宜,沟底宽 25m 左右。

③要施基肥。根据甘蔗生长规律,必须施足基肥,每公顷产蔗茎150t 的田块,每公顷施入 15t 左右有机肥,1500kg 钙镁磷肥,450kg 氯化钾肥,75~150kg 尿素。

【操作技术 4-2-18】下种

甘蔗根据下种季节的不同,分为春植、夏植、秋植、冬植和宿根共 5 个类型。秋植甘蔗在立秋至霜降前下种,第二年 11~12 月份收获。冬植甘蔗在立冬至立春(11月至次年 1 月)下种。夏植甘蔗在 5~6 月份下种。春植蔗一般在 1~4 月份下种。宿根蔗是指上一季甘蔗收获后留在地下的蔗苑的侧芽萌发后,经过栽培管理后而成的一季甘蔗。目前,宿根蔗的面积占甘蔗总播种面积的1/2 以上。

甘蔗下种时要根据当地自然环境条件、耕作制度、栽培水平等实际情况,在单位面积内采用合理的下种量,合理的种植规格,使种苗均匀分布于全田。大茎品种多,生长期长,生长量大,行要宽些,下种量要少些。相反,早熟的中小茎种类,收获早,生长期短,所以下种量要多些。目前,大部分蔗农以主茎为主,下种量普遍增多。在甘蔗生产上,推荐的下种量一般为:大茎种$(105~120)\times10^3$ 芽$/hm^2$,中茎种$(120~150)\times10^3$ 芽$/hm^2$,小茎种$(150~180)\times10^3$ 芽$/hm^2$。下种方式有双行品字形条播、双行顶接条播、三行顶接条播、单行顶接条播、两行半或梯形横播等方法。

【操作技术 4-2-19】甘蔗田间管理

甘蔗的施肥,应掌握深耕多施有机肥,基肥充足;快速生长期适时追施无机肥;为了促进平衡生长,N、P_2O_5、K_2O、CaO、Mg 要合理搭配。土壤中碱解氮少到100mg/kg 时即近需肥临界值。在中等肥力土壤条件,据当年产量指标,一般以每公顷产蔗90~105t 计,每公顷施纯氮 300~375kg 较为经济,可分 2~3 次施用。基肥占总肥量的 20%~25%;分蘖期壮苗攻蘖占 25%~30%;伸长盛期占 45%~56%。磷肥要集中施,防止大面积接触土壤,要求提早作基肥一次施完。钾可作基肥和追肥施用,但要求早施,集中施,配合氮、磷施;也可作基肥一次性施完。其次,为了提高甘蔗的抗病虫能力,可在后期淋石灰水等钙肥。

甘蔗生长过程中每合成 1g 干物质需耗水 366~500g,在正常条件下土壤中的水分含量与产量呈正相关。甘蔗一生需水规律是润—湿—润—干。甘蔗植后要加强水分管理,冬植、春植类型要防旱保苗;夏植、秋植要注意排积水。

为保证蔗田全面、齐苗、匀苗和壮苗,在甘蔗出土后,及时查苗补缺,间苗定苗。当植株有 3~5 片叶时,要及时检查,凡 30cm 内无苗均要补上。分蘖苗发生过了高峰期,要及时间苗定苗。

从出苗到分蘖末期,应及时中耕除草,追肥培土,增加土壤通透性,以利于微生物群旺盛活动,促进主茎根系生长,扩大根系吸收范围。中耕除草一般与追肥相结合,施肥后通过中耕培土盖肥。

甘蔗生长期必须认真做好防治病、虫、杂草、老鼠为害等工作。冬植、春植低温阴雨防风梨病,植前对种茎进行消毒处理,植后要保温和排积水;生长前期、中期做好螟虫为害的防治工作;4~5 月份温度高、光照强、氮肥足,易诱发梢腐病;6~7 月份和 9~11 月份两次防蚜虫,秋、冬季主要防鼠害。

甘蔗田间管理还有一项工作是剥叶,从 0 叶向下数到第 9 片叶都是功能叶,9 叶以下的叶片均可剥去,以增加通风透光,提高光合生产率,增加抗倒能力,减少病虫滋生为害。一般高产田茂盛叶多,可把第 7 叶以下叶片剥去;高旱田下不剥叶或迟剥叶,保证一定的绿叶数,有利于提高糖分的积累,也有利于宿根,增加秋冬笋。多数灌溉条件的水田一般第 9 叶以下老叶均可剥去。

种植于水田的高产田块,因种植晚熟品种,或氮肥过多,甘蔗迟熟,可用乙烯利或其他化学药剂催熟。

【操作技术 4-2-20】收获

确定适宜的收获期和保证收获质量对提高效益、降低成本有重要的意义。甘蔗工艺完全成熟期是品种高糖高榨最理想的时间。也是收获最佳时间,此期甘蔗糖分含量最高,蔗汁纯度最佳,还原糖最低,品质最好。此外,判断甘蔗是否成熟,还可以根据蔗株的外部形态和解剖特征、田间锤度和蔗糖糖分分析来进行。甘蔗砍收时要留适当蔗头高度,不浪费原料蔗,蔗兜留在土内,蔗茎不破裂,砍收时保护好蔗兜过冬。

(三)甘蔗良种加速繁殖技术

甘蔗作为无性繁殖作物,繁殖材料是种茎上的芽。其繁殖特点是用种量大,体积大,不耐贮藏,运输困难,繁殖系数小,正常情况下一年只能繁殖5~8倍。因此,甘蔗良种的推广和普及比较慢,大面积更换一次良种,少则几年,多则十几年,为了让良种在生产上尽快发挥作用,缩短良种普及的年限,就得加快良种繁育的速度。下面介绍几种常用技术。

1.秋植秋采苗或春植秋采苗

此法是甘蔗良种繁育常用的方法。秋植秋采苗的具体做法是:第一年秋季将种苗斩成单芽,秋植种下,到第二年秋季蔗茎尚未衰老,全茎各芽均可做种,砍下做秋植种苗繁殖。春植秋采苗是当年春植蔗,加强管理,在秋季采苗作种。其次,秋植秋采苗和春植秋采苗的蔗兜,冬季都要用塑料薄膜覆盖,以保护芽安全越冬。

2.育苗移栽

在正常甘蔗收获季节,将蔗株全部砍下,斩成双芽茎段,严格进行种苗处理、催芽、塑料薄膜冬季育苗,第二年3月中、下旬剪去部分叶片,带土移栽。此法也叫冬育春移,繁殖数量多,面积大,比蔗茎直接下种可以增加1倍的面积。

3.蔗兜分头繁殖

对经过砍种后的蔗兜,冬季用塑料薄膜覆盖保护其安全过冬,第二年春季,劈开老兜,移至另一田块栽培。此法一般667m² 蔗兜可种1334~2001m²。或者也可以将蔗兜挖起,剪掉部分老根,分开蔗兜催芽,发芽后移栽。667m² 老兜可种2001~3335m²。

4.夏季繁育

将第一年秋植种下的甘蔗,第二年7月底至8月初砍种,砍种前1周先将梢头生长点斩去,促使蔗茎上的芽饱满并萌发,然后再将全茎砍下作种,用单芽育苗移栽,精细管理,增加肥水数量和施肥、灌水次数,到冬季霜冻来临前全茎砍下,用塑料薄膜育苗,蔗蔸用塑料薄膜覆盖过冬,这样经过一年两次繁殖,667m² 可繁殖到 24012m² 以上。

　　以上 4 种都是加快甘蔗良种繁育的方法,在生产中都可以参照使用。同时,甘蔗繁殖田要配合其他田间管理措施以达到高产量和高含糖量的目的。例如:选择肥沃土壤、排灌方便的地块;严格的种苗选择、处理、消毒和催芽工作;适当加大株行距和浅播,促进分蘖;多施肥;合理灌水;加强病虫害防治等。

参考文献

[1] 蔡后銮.园艺植物育种学[M].上海:上海交通大学出版社,2002.

[2] 曹家树,申书兴.园艺植物育种学[M].北京:中国农业大学出版社,2001.

[3] 陈大成.园艺植物育种学[M].广州:华南理工大学出版社,2001.

[4] 陈世儒.蔬菜种子生产原理与实践[M].北京:农业出版社,1993.

[5] 盖钧镒.作物育种学各论[M].北京:中国农业出版社,1997.

[6] 谷茂,杜红.作物种子生产与管理[M].2版.北京:中国农业出版社,2010.

[7] 谷茂.作物种子生产与管理[M].北京:中国农业出版社,2002.

[8] 郭才,霍志军.植物遗传育种及种苗繁育[M].北京:中国农业大学出版社,2006.

[9] 郝建华.园林苗圃育苗技术[M].北京:化学工业出版社,2003.

[10] 贺浩华,高书国.种子生产技术[M].北京:中国农业科技出版社,1996.

[11] 胡晋.种子贮藏原理与技术[M].北京:中国农业大学出版社,2001.

[12] 胡延吉.植物育种学[M].北京:高等教育出版社,2003.

[13] 季孔庶.园艺植物遗传育种[M].北京:高等教育出版社,2005.

[14] 景士西.园艺植物育种学总论[M].北京:中国农业出版社,2000.

[15] 李振陆.农作物生产技术[M].北京:中国农业出版社,2001.

[16] 刘宜柏,董洪平,丁为群.作物遗传育种原理[M].北京:中国农业科技出版社,1999.